KB042497

알기쉬운

전기동차 구조 및 기능 II

주회로·고압보조장치

원제무 · 서은영

박영사

머리말

철도서비스가 우리 경제와 사회생활, 그리고 관광 등에서 차지하는 몫과 영향이 커지고 있다. 이같이 철도가 우리 삶에 깊숙이 들어와 있는 만큼 철도를 운영하는 공사와 회사 등 운영자들도 승객에게 편안하고 안전한 철도서비스를 제공해야 하는 책임감을 가지지 않을 수 없는 시기이기도 하다. 철도의 이런 중요성에 걸맞게 전기동차를 직접 운전하는 기관사들 역시 전기동차의 내부 시스템과 장치의 기능에 대해 전반적인 지식은 물론 능숙한 운전기법을 갖추고 있어야 한다. 그래야만 경제적이고 안전한 운행이 가능하게 되는 것이다. 기관사들에게도 과학적 사고와 훈련이 요구되는 이유이다.

전기동차는 전기회로를 기반으로 설계된 차량이다. 그래서 전기회로에 대한 기초지식이 있어야 전기동차 구조 및 기능 과목을 이해하기 쉽다. 그러나 철도에 입문한 학생들은 전기회로의 '회' 자도 모른다. 저자들은 학생들의 이러한 어려움을 너무나 잘 알고 있기 때문에 이 책에서는 각종 회로도에 다채로운 색깔을 입히고 그림을 삽입하여 알기 쉽게 정리해 보았다.

이 책에서는 전기회로가 적용되는 두 가지 회로, 즉 주회로와 고압보조회로(SIV: Static Inverter)에 대해 하나하나씩 이해해 보기로 한다. 첫째, 주회로란 컨버터와 인버터를 거쳐 전동기까지의 회로를 말한다. 우선 교류구간을 보자. 주변압기(MT)를 통해 교류가 들어오면 컨버터에서 이 교류를 직류로 바꾸어 준다. 이 직류는 인버터로 들어가 교류로 나와 VVVF차량의 유도전동기를 돌려주는 에너지원이 된다. 한편 직류구간을 거쳐 들어온 직류는 곧바로 인버터로 진입하여 교류를 내보내면서 VVVF차량의 유도전동기와 아울러 고압보조장치(SIV)에까지 전원을 공급해 준다. 주회로는 전기동차의 두뇌, 즉 브레인(Brain)이다. 주회로 구간(2차 측)의 소프트웨어, 회로, 그리고 장치들이 전기동차의 운행과 관련된 모든 지시, 통제, 제어를 종합적으로 실시하기 때문이다. 그래서 주회로를 전기동차의 심장이라고도 부르는 이유이기도 하다.

둘째, 전차선 전원으로 전동차의 저압회로에 바로 전원을 공급하면 큰일이 난다. 그래서 큰 전원을 받아 작은 전원으로 연결시켜 주는, 즉 중간 역할의 고압보조회로 및 장치가 필요한 것이다. 이 고압보조회로가 3차측인 것이다. 이에 따라 먼저 전차선의 전원으로 고압보조장치를 가동시켜 전압을 다운시킨 후 저압전원으로 변환시켜주는 장치가 필요하다. 이 장치가 바로 작은 인버터라고도 불리는 SIV이다. 고압보조장치가 제대로 작동을 못하면 공기압축기(CM)에 공기를 주지 못하므로 제동장치, 출입문제어, 운전제어가 원활하게 이루어지지 않는다. 아울러 SIV에 문제가 있으면 배터리를 충전시켜주지 못한다. 배터리는 전동차 기동 시뿐 아니라 각종 램프(등)의 필요한 영양소가 아닌가. 배터리가 제대로 작동하지 못하는 전기동차를 상상할 수 있겠는가?

저자들은 기존의 철도 관련학과에서 주교재로 쓰이고 있는 철도 관련 공사가 발간한 책의 긴 내용을 단락별로 축약시켜 요점 위주로 책을 구성하였다. 또한 책 전체의 구성 체계를 공사의 교재를 따르되 학생들이 전체 구도를 알기 쉽게 재구성했다. 아울러 혹시 학생들이 본문에서 놓친 주회로, 고압보조회로, 관련 회로도나 장치가 나타날 경우에 대비하여 마지막 장에 이해하기 쉽게 풀어서 제공해 보았다.

이 책은 저자들이 전기동차 구조 및 기능 과목을 강의하기 위하여 준비해 놓았던 PPT자료를 바탕으로 해서 틀을 잡아본 결과물이다. 실 한 올 한 올 뜨개질하듯 엮어보니 하나의 커다란 그물망이 만들어진 느낌이다. 이 책을 세상에 내놓는 데는 전채린 과장님의 끊임없는 격려와 독촉이 큰 힘이 되었다. 강의용으로 준비해 놓은 형형색색의 회로도 그림을 출간해 주시기로 결심한 임재무 상무님에게도 깊은 감사의 마음 전한다.

2020년 바다에 맞닿아 있는 마을 월곶면에서

저자 씀

제1부 주회로 장치

제1장 주회로 장치란?

제1절 교류 주회로와 직류 주회로 ······ 5

1. 4호선 교류 주회로와 직류 주회로 _ 5
2. 과천선 교류 주회로와 직류 주회로 _ 8

제2절 교류유도 전동기 ······ 10

1. 유도전동기 회전원리 _ 10
2. 4호선 및 과천선 주회로 _ 21

제3절 4호선 전기동차 주회로 및 제어 ······ 33

1. 주회로 기기 및 작용 _ 33
2. 제어회로(4호선 제어회로)의 구성 _ 43
3. 4호선 VVVF 동력운전 제어 _ 46
4. GCU 기동(전원공급) _ 47
5. 동력운전 제어(4호선) _ 48
6. 4호선 회생제동 제어 _ 60
7. 4호선 전기제동 신호계전기(ELBR: Electric Brake Signal Relay) 여자 _ 60
8. 4호선 회생제동 지령선(10선) 가압 _ 62
9. 4호선 제어회로의 구성 및 작용 _ 63

제4절 과천선 VVVF 전기동차 주회로 및 제어 ······ 67

1. 과천선 주회로 기기 및 작용 _ 67

2. 과천선 역행운전 제어회로 _ 78
3. 과천선 역행운전 시 주회로 제어절차 _ 102
4. 과천선 회생제동 제어회로 _ 108

제2장 주회로 핵심주제 요약

제1절 유도전동기 ······ 115
1. 유도전동기 원리 _ 115
2. 유도전동기 특징 _ 115
3. 컨버터와 인버터 _ 118

제2절 4호선 주회로 기기 ······ 119
1. 주회로 기기(교류구간) _ 119
2. 주회로기기(직류구간) _ 120
3. 제어회로 구성 _ 120
4. 보호회로 _ 121
5. 4호선 동력운전 _ 121

제3절 과천선 주회로 기기 ······ 124
1. 주회로기기 _ 124
2. 과천선 동력운전 _ 125

제2부 고압보조장치

제1장 VVVF 전동차 고압보조장치(SIV) 개요

제1절 VVVF 전동차 고압보조장치(SIV:Static Inverter)란? ······ 131

제2절 SIV 전원공급 ······ 134

1. 4호선 교직류구간 SIV 전원 흐름 _ 134
2. 과천선 교직류구간 SIV 전원 흐름 _ 135

제2장 4호선 VVVF 전기동차 고압보조회로

제1절 4호선 VVVF 고압보조회로(SIV) ······ 137

제2절 4호선 VVVF 정지형 인버터(SIV) ······ 139

1. SIV 주요 사항 _ 139
2. SIV 구성 _ 139
3. SIV 구성회로 _ 141

제3절 전동공기 압축기(CM:Compressor Motor) ······ 147

1. 전동기압축기 개요 _ 147
2. CM구동 및 고장 시 조치 _ 149

제4절 냉난방 장치 ······ 152

1. 냉방장치 _ 153
2. 난방장치(Heater) _ 155
3. 객실 송풍 및 환풍 장치 _ 161

제5절 연장급전 ······ 163
1. 연장급전의 개요 _ 163
2. 연장급전 취급의 경우(연장급전은 어느 경우에 필요한가?) _ 164
3. 연장급전 취급 방법 _ 165
4. 연장급전 취급 후의 현상 _ 165
5. 연장급전 회로 _ 167

제3장 과천선 SIV

제1절 VVVF 고압보조회로 전원의 흐름 ······ 170
1. 과천선 VVVF 보조회로 전원의 흐름 _ 170

제2절 과천선 SIV의 개요 ······ 172
1. 고압보조회로 _ 172
2. 고압보조회로에 전원공급 시 동작되는 주요 구성기기 _ 172
3. 과천선 VVVF차량에서 주요 기기 역할 _ 173

제3절 과천선 고압보조회로의 기기 ······ 173
1. 보조전원용 정지형인버터(SIV) 전원 생성 과정 _ 173
2. 과천선 정지형 인버터의 주요 구성장치 _ 174
3. SIV 전원 공급(과천선) _ 177

제4절 SIV 고장 시 조치(과천선) ······ 178
1. 과천선 SIV 경고장 _ 178
2. 과천선 SIV 중고장 _ 178
3. 과천선 SIV 중고장(SIVFR) 여자 조건 _ 178

제5절 과천선 CM(전동공기압축기) ······ 180
1. CM 정상구동 _ 180
2. CM 구동용 인버터 고장 시 직결(By-Pass)구동 _ 182
3. 동기구동 회로 _ 182
4. CM 정지 시 복귀 _ 185

제6절 과천선 송풍기 ······ 188

제7절 과천선 VVVF 냉난방 장치 ······ 189
1. 난방장치 _ 190
2. 냉방장치 _ 190

제8절 과천선 연장 급선(Extension Supply)(과천선VVVF차량) ······ 191
1. 연장급선취급의 경우 _ 191
2. 연장급선 취급 후의 현상 _ 192

제4장 고압보조장치(SIV) 핵심주제 요약

제1절 4호선 SIV ······ 202
1. SIV구성 _ 202
2. 고압회로 및 SIV기기 _ 202
3. SIV중요 구성기기 _ 203
4. SIV보호회로 _ 204
5. CM(전동공기압축기) _ 204
6. 냉난방 _ 205
7. 연장급전 _ 206

제2절 과천선 SIV ······ 207
1. SIV 기기의 특징 _ 207
2. SIV 공급전원 _ 207
3. 연장급전 _ 209

제5장 SIV 및 CM 관련 고장 시 조치방법

제1절 SIV 관련 ······ 210

1. SIV고장 원인 _ 210
2. SIV고장시 현상 및 조치사항 _ 210
3. 보조적용계전기(AMAR: Aux. Machine Applicable Relay)의 역할은? _ 211
4. 연장급전 방법은? _ 211
5. 연장급전이 안 되는 경우는? _ 211
6. IVCN(NFB for "Inverter Control" 인버터제어회로차단기) OFF하는 이유는? _ 211
7. 연장급전 시 POWER등이 점등되나? _ 211
8. SIV 입출력전압은? _ 212
9. SIV 전원사용처는? _ 212
10. 전류평형용저랑기(EqRe)란 무엇인가? _ 212

제2절 CM 관련 ······ 213

1. 주공기 압력 상승 불능 시 조치 _ 213
2. TC차 이외 차량 내 공기누설 시 조치 _ 213
3. 주공기압력 9kg/m^2 이상 상승 시 조치 _ 213
4. 차 간 MR누설 시 조치는?(MR압력 저하) _ 213
5. 제습기 누설 조치는?(MR압력 저하) _ 214
6. CR공기 누설 시 조치는?(MR압력 저하) _ 214
7. BOU(Brake Operating Unit)함 내 누설 시 조치는?(MR압력저하) _ 214
8. MRPS의 역할은 무엇인가? _ 214
9. PBPS의 기능은 무엇인가? _ 214
10. MR의 주공기 압력 저하 시 현상 및 조치는? _ 214
11. TC차 2지변 이후 MR누설 시 조치는? _ 215

제1부

주회로 장치

주회로 장치란?

- 전기동차의 운전과 제동을 위해서는 주회로 전원을 공급, 차단하는 장치가 필요하다.
- 전기동차는 Pan을 통해 전차선이 전원을 받아 차상 하에 장착되어 있는 견인전동기 (Motor)에 전원을 공급한다.
- 이 견인전동기의 회전력을 차축에 전달함으로써 전기동차가 움직인다.
- 이때 주변환장치에서 주전동기까지 DC1,500V의 고압전선이 공급되는 부분을 '주전동기 회로' 또는 '주회로'라고 한다.
- 전기동차의 운전을 위해서는 주회로 전원을 공급, 차단하는 장치가 필요하다.
- 이를 위하여 주회로에 전자 공기식 회로차단기(LB: Line Breaker)를 설치하여 운전실제어대의 출력제어기 (Notch) 또는 제동핸들에 따라 투입, 차단 동작이 되도록 한다.

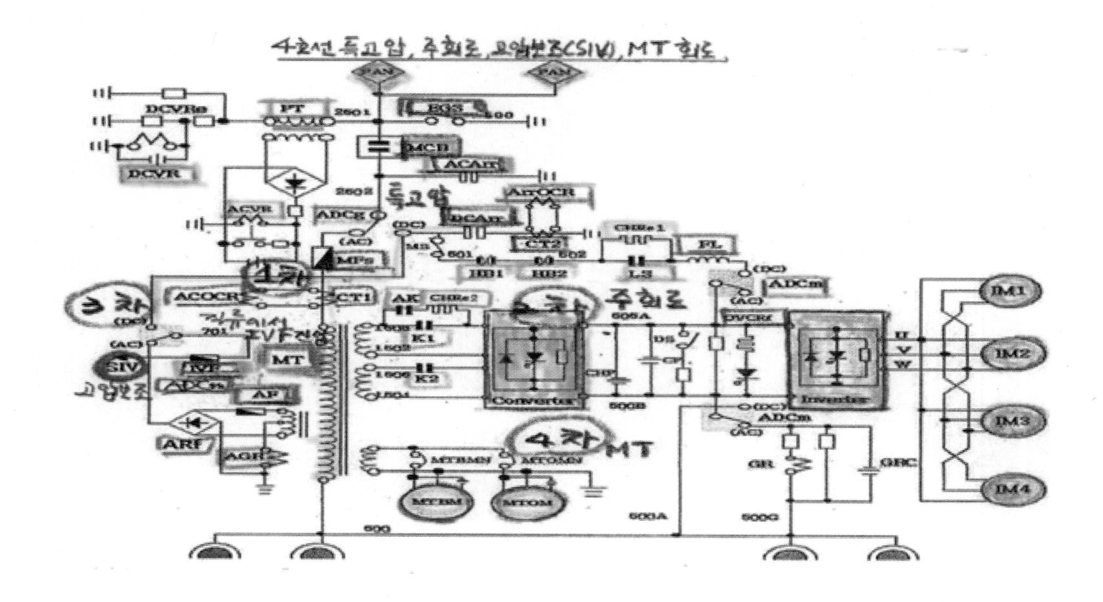

[4호선 권선별(측별) AC 전원]

① 1차 권선: AC 2,5000V→특고압전원

② 2차 권선: AC 855V×2→주회로 전원(Converter)

③ 3차 권선: AC 1,770V→보조회로 전원(SIV)

④ 4차 권선: AC 229V→MTBM, MTOM 전원

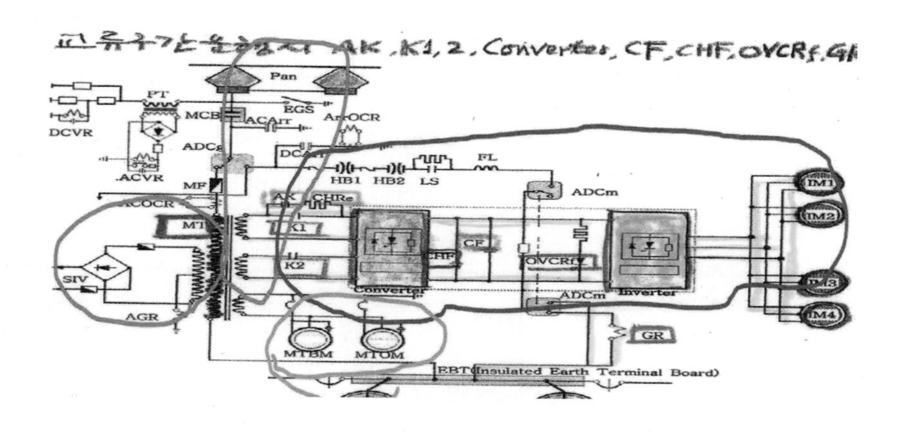

제1절 교류 주회로와 직류 주회로

1. 4호선 교류 주회로와 직류 주회로

1) 4호선 교류 주회로 흐름

(1) 4호선 교류 주회로 흐름

◑ Pan → MCB(주차단기) → ADCg (교직절환기) → MF(쥬휴즈) → MT (주변압기: 2차측) → AK(교류접촉기: CHRe충전) → K1, K2 → C/I(컨버터/인버터) → IM(주전동기: IM 4대 병열)

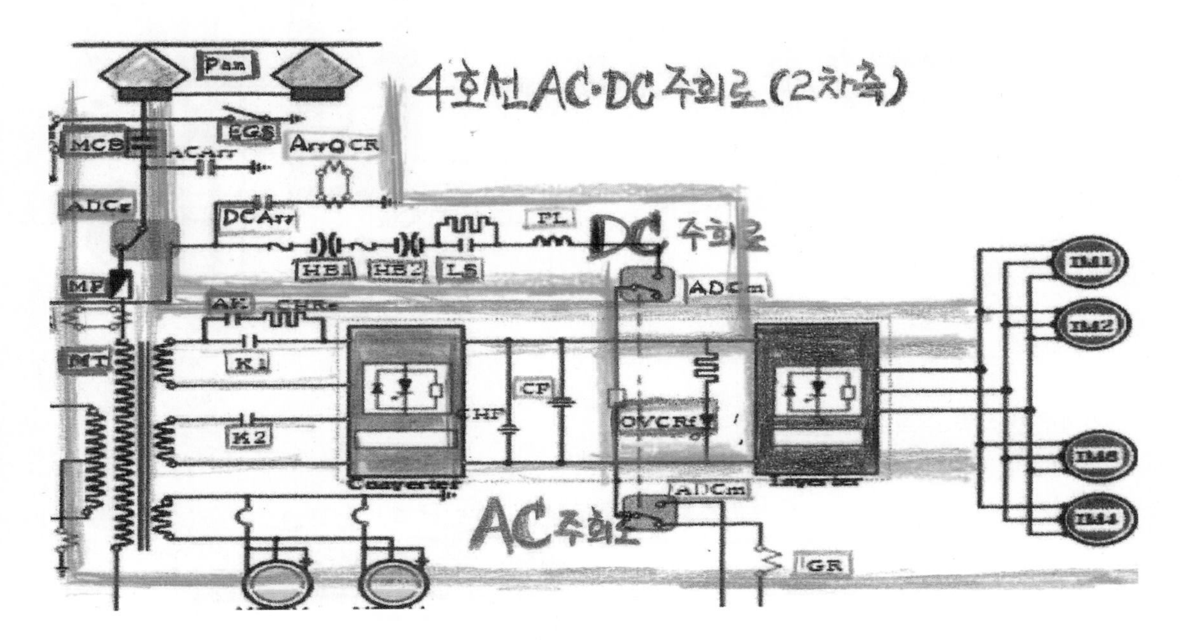

(2) 4호선 교류구간 역행(운전)흐름

◑ Pan → MCB → ADCg → MFS(쥬휴즈) → MT(주변압기: 2차측) → AK(교류 접촉기: CHRe충전) → CF → K1, K2 → C/I(컨버터/인버터) → IM(주전동기: IM 4대 병렬)

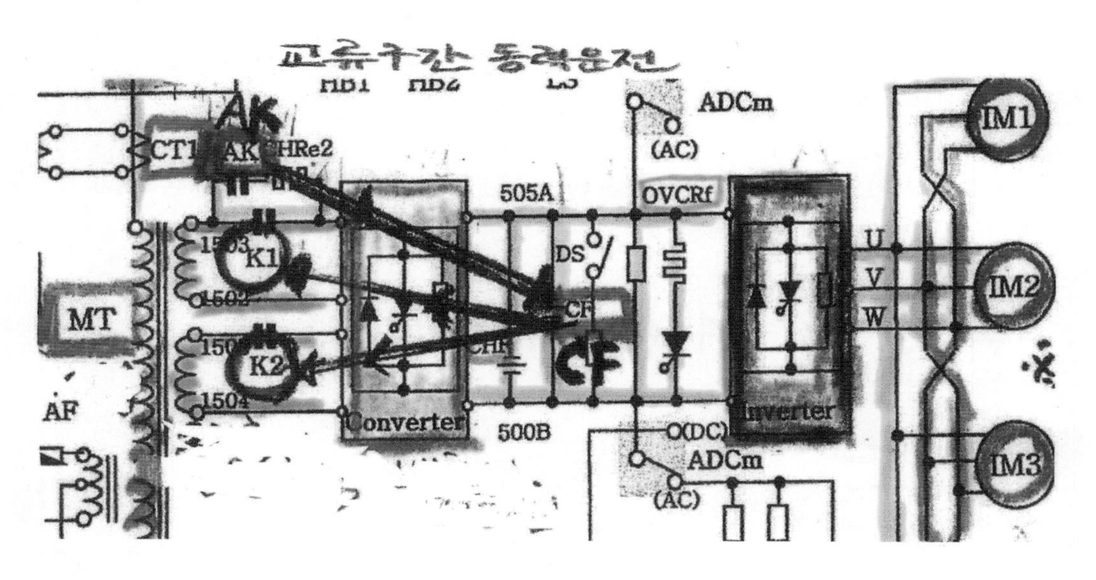

2) 4호선 직류 주회로 흐름

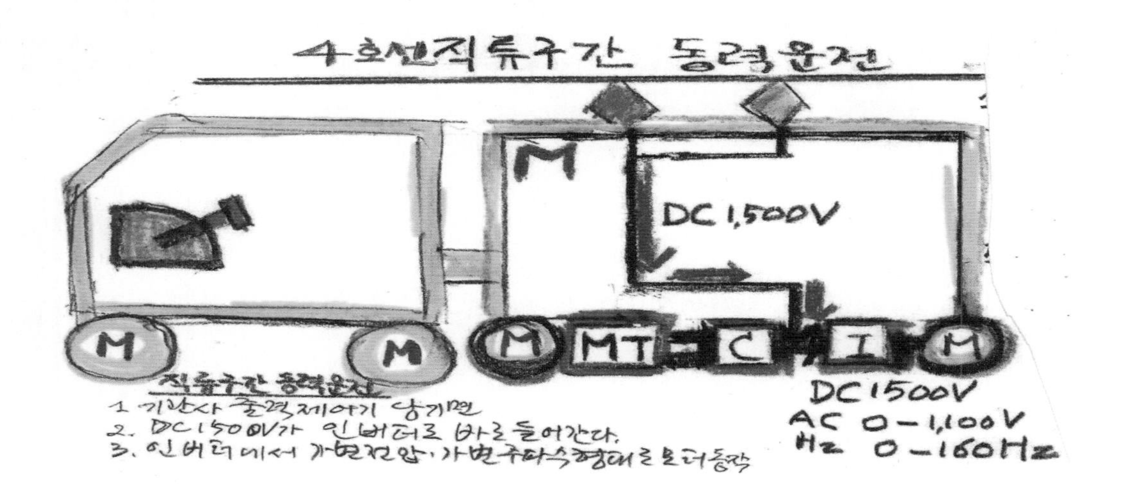

(1) 4호선 직류 주회로 전원 흐름

◑ Pan－MCB－ADCg(DC)－MS－HB1,2－LS－ADCm－Inverter－IM

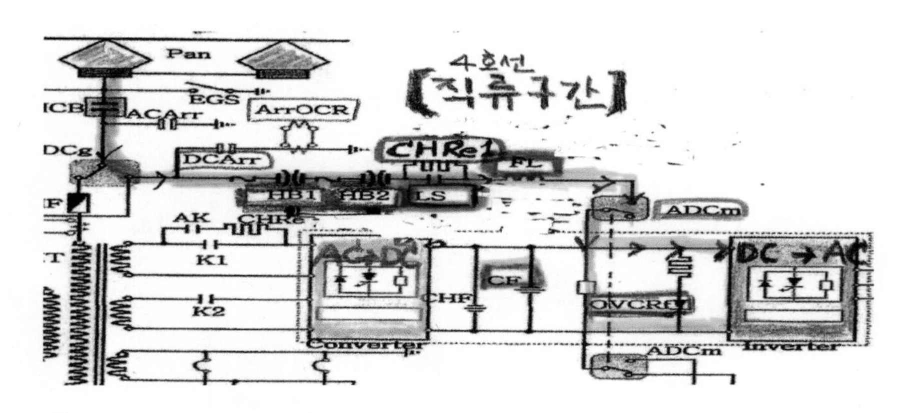

(2) 4호선 직류구간 역행(운전)흐름

◑ Pan → MCB → ADCg(DC) → HB1, HB2 → CHRe → CF에 300V 충전 → LS전원 투입 → CF 900V충전 → 인버터 Gate 기동

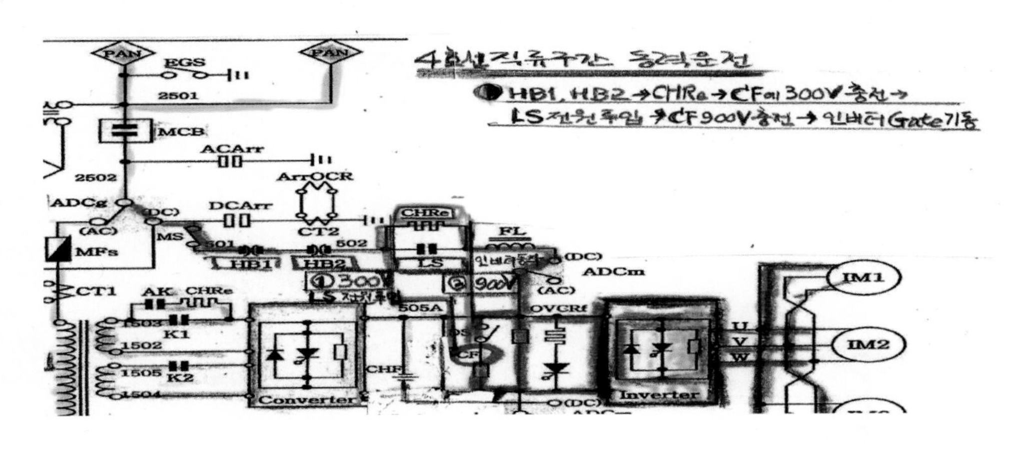

2. 과천선 교류 주회로와 직류 주회로

1) 과천선 교류

(1) 과천선 VVVF전기동차 교류구간 주회로 흐름

◑ Pan－MCB－ADCg(AC)－MFs－MT－AK－K1,K2－컨버터－인버터－주전동기

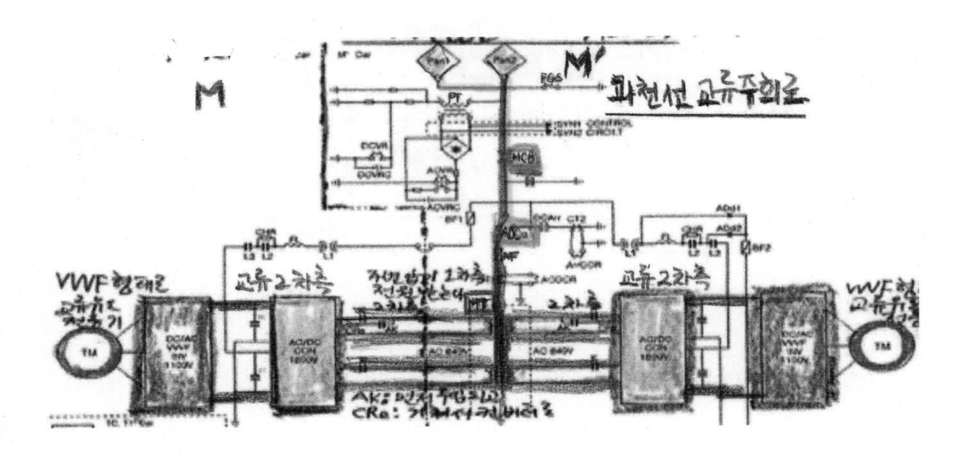

(2) 과천선 VVVF전기동차 교류구간 역행(운전)시 제어회로 흐름

① MCB투입

② L3투입

③ 0.6초 후 L2 투입

④ 1초 후 AK투입

⑤ 0.75초 후 K투입

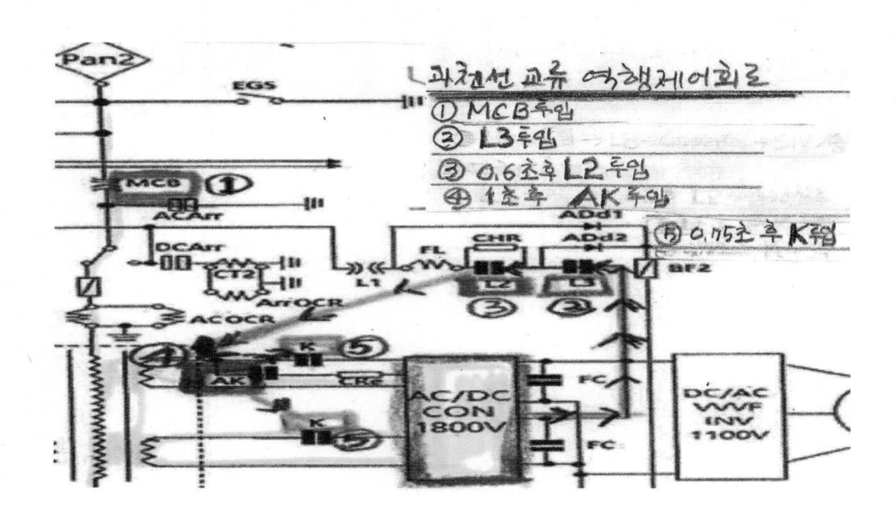

2) 과천선 직류

(1) 과천선 직류구간(DC) 주회로 전원 흐름

◑ L1 → L2 → L3 → 인버터 → 주전동기

(2) 과천선 VVVF차량의 직류구간(DC) 역행(운전) 시 회로

◑ L1 → 역행 → L3 → L2 → 인버터 → 주전동기

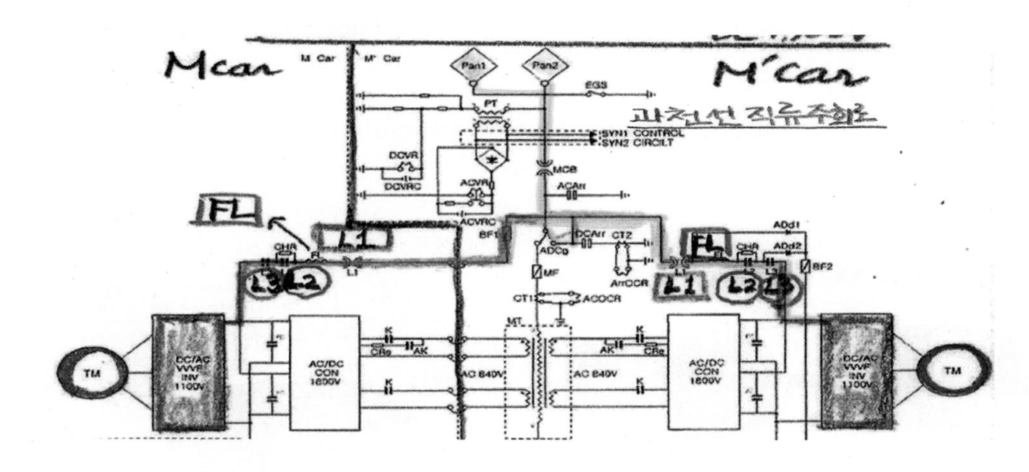

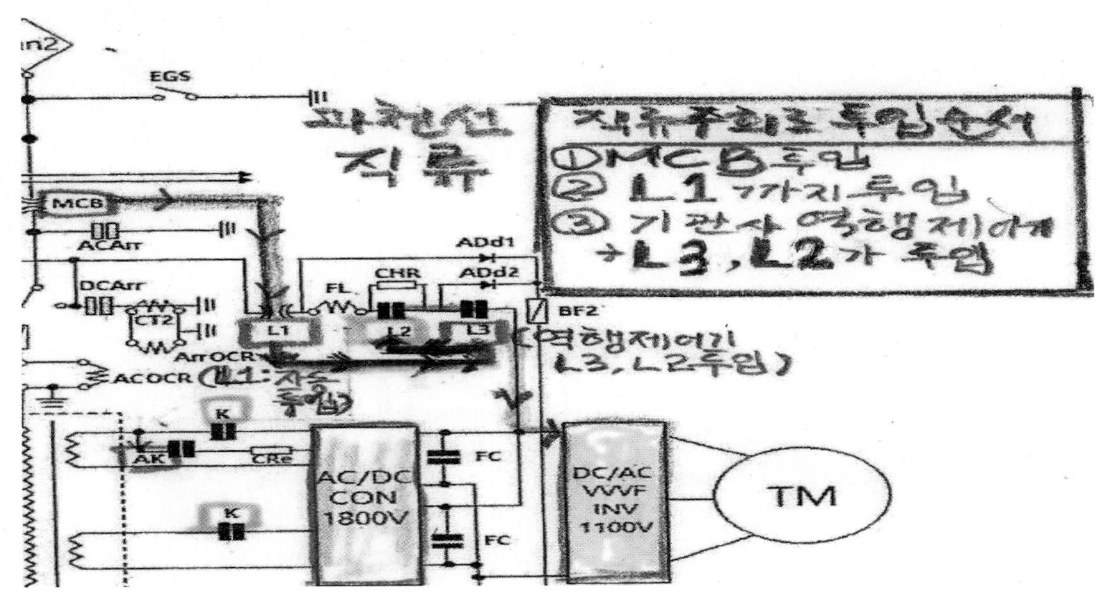

제2절 교류유도 전동기

1. 유도전동기 회전원리

1) 회전자계(고정자)

- 고정자에 회전자를 집어넣고, 3상 교류를 넣게 되면 고정자는 고정되어 있지만 권선에 자기장이 생겨나 회전자계를 이룬다.
- Arago 원판을 계속 회전시키려면 자석을 계속 회전시켜야 한다. 그러나 지속적인 회전은 불가능하다.
- 따라서 자석을 계속 회전시키는 것과 같은 작용이 일어나도록 고정자(Stator)에 권선을 감고 여기에 3상 교류전원을 공급하면

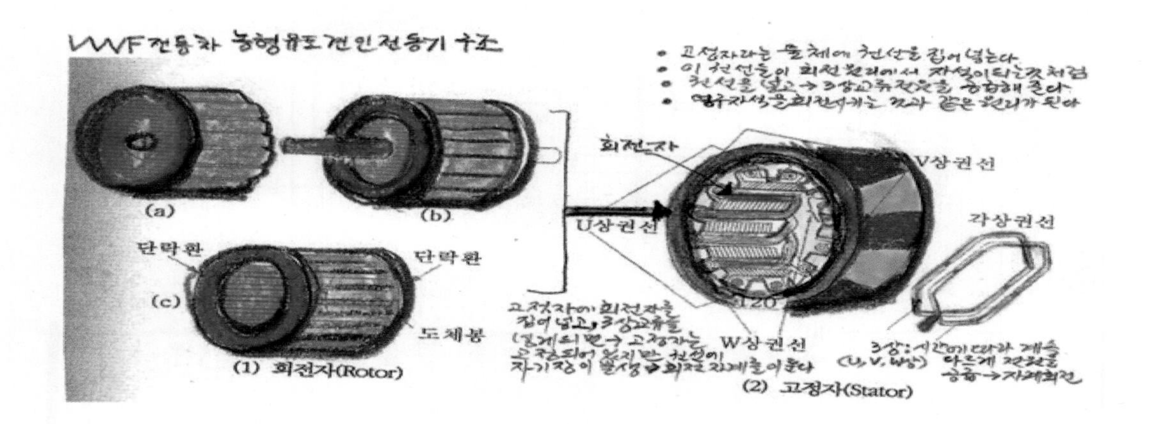

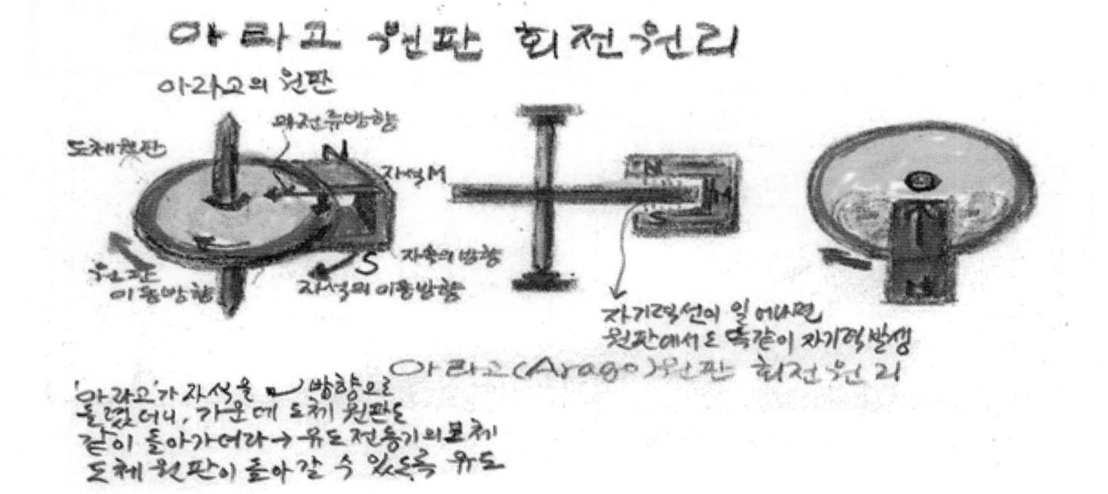

– 고정자 권선에 회전자계(Rotating Field)가 발생하여 자석을 회전시키는 것과 같은 현상이 발생한다.

– 결국 이 회전자계를 따라 회전자가 회전함으로써 전동기는 회전하게 되는 원리이다. 즉 3상 유도전동기에 3상 교류전원을 공급하면 Arago의 원판에서 영구자석을 회전시키는 것과 같이 고정자에서 회전하는 자계가 발생되어 회전자가 회전하게 된다.

✔ 여자(勵磁): 권선에 전류를 통해서 자속을 발생 시키는 것.
✔ 자속(磁束): 어떤 면을 지나는 자력선의 수
✔ 계자(界磁)권선: 자속을 발생시키기 위해서 주자에 감은 권선

2) 회전자계의 발생

– 전동기의 3상 전기자권선에 3상교류를 공급하면 전기자 기자력에 의하여 회전자계 가 생긴다.

– 성층 철심으로 된 고정자에 3상권선을 마련하고 이것에 평형 3상 교류를 공급하면 각 상의 코일에는 $i_a.i_b.i_c$라는 전류가 흐르는데 이 전류는 시간이 경과함에 따라서 그 크기와 방향이 서로 120°의 위상차를 가지고 변화한다.

– 그러므로 그 합성 기자력에 의한 자속의 방향은 시간과 더불어 차례로 이동하여 회전자계를 만든다.

– 그리고 이 자계의 회전 방향은 전류의 상회전 방향과 일치한다.

– 이 경우에 회전자는 원통형의 성층 철심뿐이고 권선은 없는 것으로 한다.

[동기속도(회전자계(고정자)속도)와 회전자 속도]

– 2극인 경우에는 교류가 1회전하면 자속도 1회전한다.

Ns=동기속도(고정자: 회전자계)
N=회전자 속도(고정자 내부)

– 그러므로 주파수가 f [Hz]인 교류에 의하여 생기는 자계의 회전속도, 즉 동기속도 Ns는

아래와 같다.

Ns (동기속도)= f [rps]이다.

– 4극인 경우에는 교류가 1회전하면 자속은 1/2회전한다.

✔ 2극 전동기=1회전/교류 1Cycle
✔ (2극=1Cycle마다 1회전)
✔ f(frequency)=전원주파수(주기)

일반적으로 P극의 기계에서 회전자계는 기계에서 교류 1사이클마다 2/P 회전하므로 그 회전속도 Ns는 다음과 같이 된다.

Ns= 2f/p [rps]

– Ns는 동기속도라 하며 전원의 주파수와 기계의 극수로 결정된다.

동기속도 $Ns= \frac{120f}{P}$(rpm)
회전자 속도 N=Ns(1=S)
슬립 S=Ns=NsX100%
회전수와 토크(회전력): 반비례

예제 다음 중 동기속도(Ns)에 대한 내용으로 틀린 것은?

가. 2극 전동기인 경우 동기속도(Ns)=120f/p(r.p.m)

나. 4극 전동기는 2극 전동기에 비해 회전수가 1/2이다.

다. 회전자속도를 동기속도라 말한다.

라. 회전자계의 방향은 3상 교류의 상회전방향과 같다.

해설 동기속도(Synchronous Speed)란 회전자계(고정자)의 속도이다.

[동력운전과 회생제동 시 슬립(Slip)]

(1) 동력운전(역행)

+Slip상태(회전자속도보다 회전자계 속도가 빠를 때)

– Slip상태(회전자속도보다 회전자계 속도가 느릴 때)

+Slip=Ns>N

– 동력운전 시 고정자에 들어가는 입력전압이 크기 때문에 동기속도가 회전자 속도보다 커지게 된다.

[회전력(Torque발생원리)]

– 회전자계 안에다 내부에 철심에 권선으로 만든 회전자를 넣으면 권선에는 전류가 흐르게 되고

– 이 전류와 회전자계 사이에서 전자력이 작용하여 토크(회전력)가 발생하고

– 회전자는 자계의 회전방향으로 회전한다.

– 이것이 유도 전동기의 원리이다.

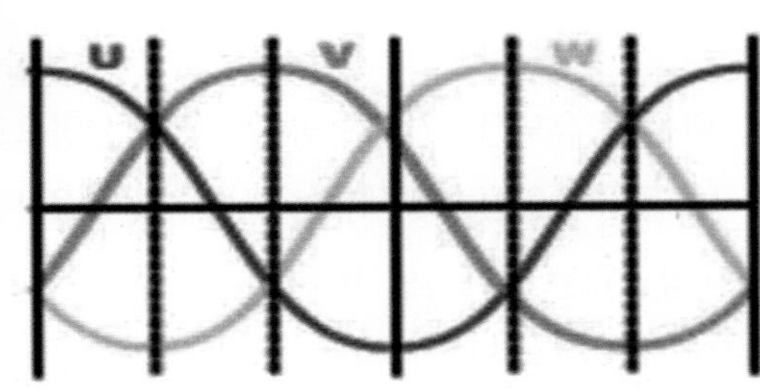

– 1상에 Coil 덩어리가 몇 개인가가 극수이다.

– 12개 Coil 경우 → 3상이라면 1상에 4개이므로 4극이다. 4극의 경우 고정자를 네 번 지나가므로(들락날락해야) 속도가 느려진다. 따라서 2극의 두 번에 비해 회전수가 작아진다.

◑ 토크특성 $T=K1(V/f)^2 \cdot fs$

(V: 전압, fs: 슬립주파수, K1: 상수)

예제 **다음 중 주파수제어를 위해 증가시킬 수 있는 전동기 공급전압이 한계점에 도달하면 이후부터 주파수 증가로 인한 회전력의 감소를 보상하는 제어는?**

가. 직병렬 제어 나. 주파수 제어

다. 전압제어 **라. 슬립제어**

해설 전동기 공급전압이 한계점에 도달하면 이후부터 주파수 증가로 인한 회전력 감소 보상하는 것은 "슬립제어" 이다.

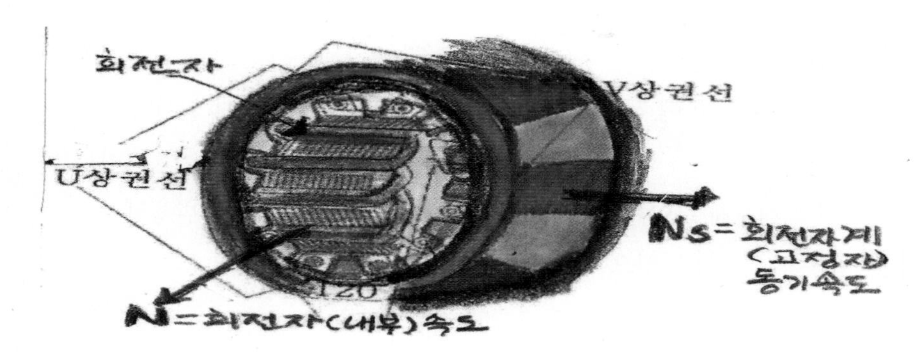

예제 **다음 중 유도전동기 제어방식에 관한 설명으로 틀린 것은?**

가. 유도전동기의 회전속도 제어는 주파수를 사용, 열차 출발시키는 것은 컨버터를 통하여 유도전동기에 공급되는 주파수를 "0에서부터" 서서히 높여주는 것이다.

나. 회전속도 상승을 위해 공급주파수를 증가시키면 유도전동기의 토크특성 "$T=K1(V/f)^2 \cdot fs$ 에 의해 속도는 증가시키지만 회전력은 크게 저하된다.

다. 회전속도를 증가시키려면 동기속도를 증가시켜야 하고, 동기속도를 증가시키려면 공급주파수를 증가시켜야 한다.

라. 회전속도를 높이면서 동시에 열차속도를 상승하게 하려면 공급주파수와 함께 공급전압도 증가시켜야 한다.

해설
- 유도전동기의 회전속도제어 → 주파수
- 열차를 출발시키는 것 → 인버터를 통하여 유도전동기에 공급되는 주파수를 "0"부터 서서히 높여 주는 것

예제 **다음 보기 중 틀린 것은?**

가. 유도전동기의 회전력은 고정자 자속과 회전자에 유기된 전류에 비례

나. 역행시 +slip상태, 제동시 −slip 상태이다.

다. 슬립은 회전계의 속도와 회전자속도의 차이다.

라. 공급주파수를 증가시키면 회전수와 회전력은 증가한다.

해설 공급주파수를 증가시키면 회전수는 증가, 회전력(토크)은 감소

예제 **다음 보기 중 틀린 것은?**

가. 유도전동기에 공급하는 3상 교류전원의 전압을 변화시키고 주파수를 변환시켜 속도를 제어하는 방식을 VVVF제어라고 한다.

나. 주변환장치에서 주전동기까지 DC1,500V의 고압전원이 공급되는 부분을 주전동기 회로라고 한다.

다. 전기동차의 속도를 조절하는 기능을 제어라 한다.

라. 전기동차의 운전을 위해서는 전원을 공급, 차단하는 장치가 필요한데 이를 위해 주회로에 접촉기를 설치한다.

해설
- 주회로 전원을 공급, 차단하는 장치로 전자공기식 회로차단기(LB)를 설치한다.
- 운전실 제어대의 출력제어기 또는 제동핸들의 취급에 따라 투입, 차단 동작한다.

예제 **다음 중 유도전동기에 관한 설명으로 틀린 것은?**

가. 정격속도 부근에서 일정한 속도로 회전하려는 특성을 가지고 있다.

나. 동기속도와 회전자 속도가 같을 경우 회전자 속도는 최대가 된다.

다. 회전자계의 방향은 3상 교류의 상 회전방향과 동일하다.

라. 회전수는 고정자에서 발생된 자속과 회전자에 유기된 전류에 비례한다.

해설 • 회전수는 전원주파수(f)의 크기와 슬립주파수(fs)의 크기에 따라 변동된다.
• 전원주파수가 커지면 회전수가 증가, 작아지면 회전수가 감소된다.
• 유도전동기의 "회전력"은 고정자에서 발생된 자속과 회전자에 유기된 전류에 비례한다.

예제 다음 중 주파수가 60Hz이고 4극인 3상유도전동기의 회전수의 동기속도는?

가. 1200r.p.m 나. 2300r.p.m

다. 1800r.p.m 라. 2400r.p.m

해설 동기속도: Ns=120f/p(rpm)

예제 다음 중 60Hz, 4극을 사용하는 전동기의 동기속도와 회전자 속도로 맞는 것은? (Slip은 5%이다.)

1. Ns: 1,800(r.p.m), N: 1,710(r.p.m) 2. Ns: 2,000(r.p.m), N: 1,720(r.p.m)

3. Ns: 2,000(r.p.m), N: 1,500(r.p.m) 4. Ns: 1,800(r.p.m), N: 1,700(r.p.m)

해설 • 동기속도: Ns=120f/p(rpm), 회전자속도: N=Ns(1−S)
• Ns=(120x60/4), N=1,800x(1−0.05)=1,710(rpm)

예제 동기속도가 1,800rpm, 회전자 속도가 1,700rpm일 때 슬립은?

해설 슬립 S=[(Ns−N)/Ns] x 100%이므로
S=(1800−1700)/1800 x 100% =5%

예제 다음 중 유도전동기에 대한 설명으로 틀린 것은?

가. 유도전동기가 전동기 역할을 할 때 회전자 속도가 동기속보다 조금 늦다.

나. 유도전동기가 발전기 역할을 할 때 회전자 속도가 동기속보도다 조금 빠르다.

다. 회전방향은 U → V → W 순서이며, 두 개의 상만 바꿔주면 역회전이 된다.

라. 슬립제어를 통해 슬립주파수를 증가시키면 유도전동기의 출력을 일정하게 유지 시 회전수를 일정하게 할 수 있다.

해설 슬립주파수를 증가시키면 유도전동기의 출력을 일정하게 유지시켜 더욱더 회전속도를 상승시킬 수 있다.

[VVVF(가변전압 가변주파수) 제어]

- VVVF(가변전압 가변주파수)제어는 인버터제어라고도 불리며, 유도전동기에 인가되는 전압과 주파수를 동시에 변환시켜 직류전동기와 동등한 제어 성능을 얻을 수 있는 방식이다.
- 이 방식의 채택에 의해 종래의 직류전동기를 사용하고 있던 전동차에도 유도전동기를 적용하여 보수가 용이하고, 에너지소비가 적어지는 효과를 얻게 되었다.
- 종래의 직류전동기 전동차에 비해 운행시 전력 손실을 줄여 소비전력을 약 반으로 줄였다.
- 3상의 교류는 컨버터로 일단 DC전원으로 변환하고, 인버터로 재차 가변전압 및 가변 주파수의 3상교류로 변환하여 전동기에 급전한다.
- 이때 인버터는 정현파 PWM(펄스 폭 변조)제어에 의해 정현파에 근접된 임의의 전압, 주파수를 출력한다.

3) 슬립(Slip)

- 회전자의 회전속도는 항상 회전자계의 속도에 거의 추종한다.
- 그러나 그 회전속도는 일치하지 않는다.
- 이렇게 회전속도가 일치하지 않는 부분을 슬립(SLIP)이라고 한다.
- 슬립은 자속과 회전자 사이에서 전자유도 작용을 발생시키기 위해서 꼭 필요한 것이다.
- 슬립이 없으면 회전력이 생성되지 않고 슬립값이(+) 일 때 전동기(역행)가 되고, 슬립값이 (−)일 때 발전기(제동)가 된다.
- 회전자 주파수 fr과 Slip주파수 fs를 가산 출력한다.
- 역행시에는

  finv = fr + fs이고

  여기서 fr : 회전자주파수

  fs : Slip주파수

– 제동시에는

finv = fr–fs이다.

– 역행시에는 최소치, 회생제동시는 최대치를 연산한다.

예제 **다음 중 유도전동기 특성 중 슬립(Slip)에 관한 설명으로 틀린 것은?**

가. N=Ns(1–S) [N=회전자속도(r.p.m), S: Slip(%), Ns=동기속도(r.p.m)]

나. S=[(Ns–N)/Ns]×100%[S: Slip(%), Ns: 동기속도(r.p.m), N: 회전자속도(r.p.m)]

다. 유도전동기 에서 회전자의속도(N)와 회전자계 속도(Ns)가 차이나는 것은 슬립이다.

라. 유도전동기가 전동기 역할을 할 때는 회전자를 동기속도보다 조금 빠른 상대로 회전시킨다.

해설 유도전동기가 전동기 역할을 할 때는 회전자를 동기속보다 조금 늦은 속도로 회전시킨다.

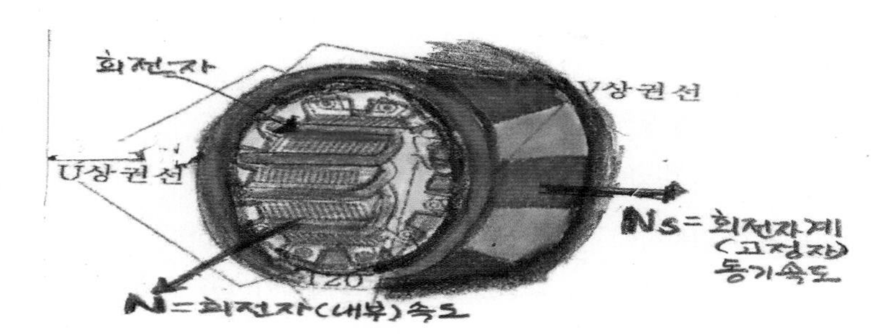

[주파수(Frequency)란?]

① 주기(Cycle): 전자기파는 일정 시간마다 크기와 방향이 반복해서 바뀐다. 이렇게 반복되는 간격을 '주기'라고 한다.

② 주파수(Frequency): 1초당 주기가 반복되는 횟수이다.

– 즉 주파수는 주기의 역수 개념이며 수가 클수록 같은 시간 동안 주기가 많이 반복된다는 뜻이다(예를 들어 60Hz는 1초에 60회 주기가 반복되는 '전자기파'라는 뜻).

주관식 예제

유도전동기 특성에 대하여 아래 질문에 답해보자.

1) 동기속도, 회전자 속도, 슬립(Slip)

(1) 동기속도는 어디서 나오는 속도이고 왜 구하는가?

- 동기속도는 고정자(회전자계)에서 나오는 속도이다.
- 고정자에 회전자를 집어넣고, 3상 교류를 넣게되면 고정자는 고정되어 있지만 권선에 자기장이 발생하여 회전자계를 이룬다.
- 동기속도는 공급전원 주파수에 비례하고, 극수에 반비례한다.

(2) Ns와 N을 구하는 공식은 무엇인가?

Ns = 120fm/p = 120 (f−fs) (rpm)

N = (1−S) x Ns (rpm)

여기서, Ns: 동기속도, N=회전자속도

(3) 슬립은 어떻게 발생되며, 왜 슬립이 중요한가?

−유도 전동기에서 회전자의 속도(N) 와 회전자계의속도(Ns)간에 차이 나는 현상을 슬립이라고 한다.
−슬립은 유도전동기에 회전자속도와 회전자계의 속도차이에 의해 발생한다.
−회전력이 발생되기 위해서는 슬립이 발생되어야 한다.

2) 회전력

(1) 회전력 구하는 공식 2개는?

$$T = K1 \times (V / f)^2 \times fs$$

$$T = K1 \cdot \Phi \cdot Ir$$

여기서

T: 회전력

V: 전압

f: 공급주파수

fs: 슬립주파수

Φ: 자속

Ir: 전류

[회전력과의 관계]

[f ↑ Ns ↑],

[f ↑ T ↓] , [V↑ fs ↑ → T]

(2) 회전력과 주파수와의 관계는?

–공급주파수와 회전력은 반비례한다.
–전압을 증가시키면 회전력은 일정하게 유지된다.

(3) 회전력과 슬립주파수와의 관계는?

–슬립주파수는 회전력과 비례한다.
–슬립주파수를 증가시키면 회전력은 증가한다.

(4) 회전력과 전류와의 관계는?

–전류와 회전력은 비례한다.
–전류가 증가하면 회전력은 증가한다.

(5) 회전력과 자속과의 관계는?

–회전력은 자속과 비례한다.

2. 4호선 및 과천선 주회로

1) 4호선 주회로 흐름

[4호선 교류(AC)구간 운행 시]

◐ Pan → MCB(주차단기) → ADCg (교직절환기) → MF(쥬휴즈) → MT(주변압기: 2차측) → AK(교류접촉기: CHRe충전) → K1, K2 → C/I(컨버터/인버터) → IM(주전동기: IM 4대 병열)

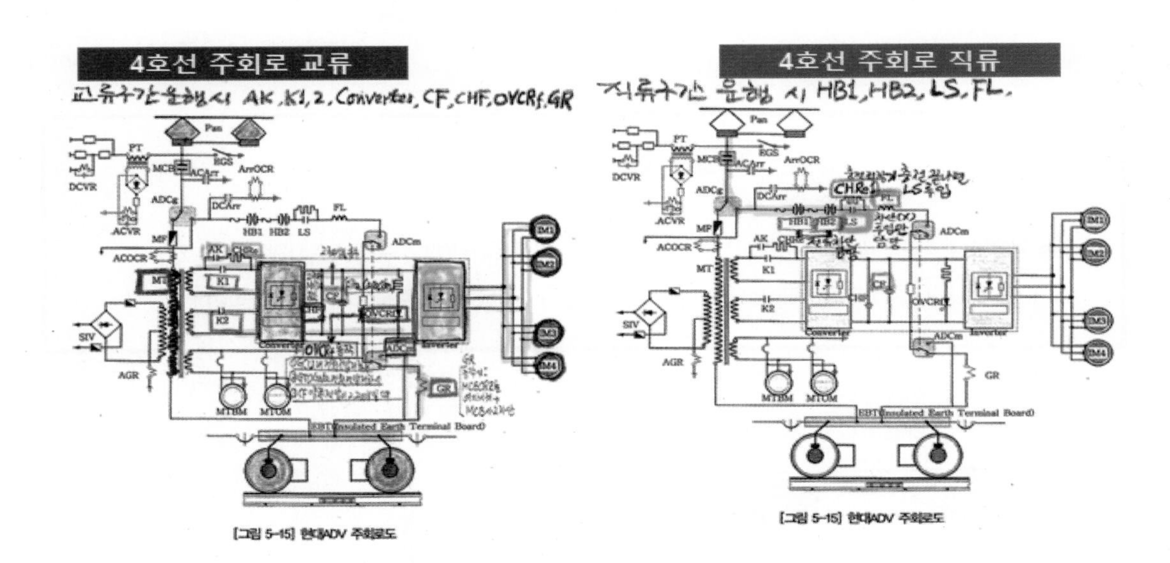

[그림 5-15] 현대ADV 주회로도

[그림 5-15] 현대ADV 주회로도

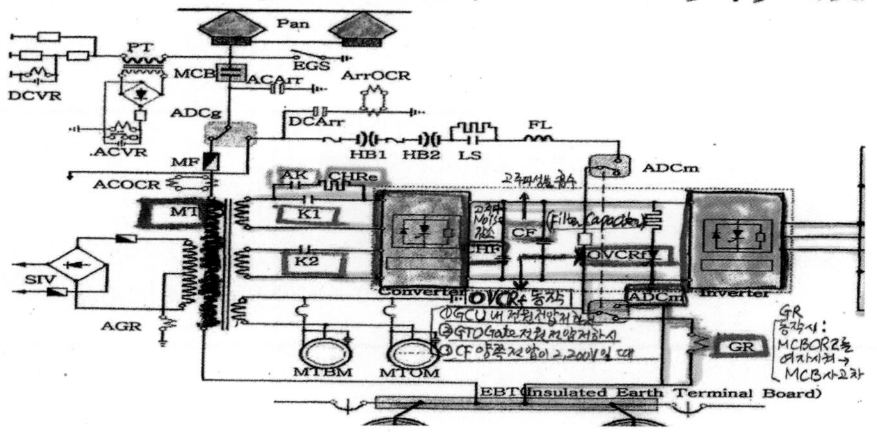

[4호선 직류(DC)구간 운행 시]

◑ Pan → 주회로 차단기(MCB) → 교직절환기(DC위치) → 개방스위치(MS) → 고속도차단기(HB1,2) → LS (Line Switch) → ADCm(교직절환스위치: DC위치) → I(인버터) → 주전동기 (IM4대 병열)

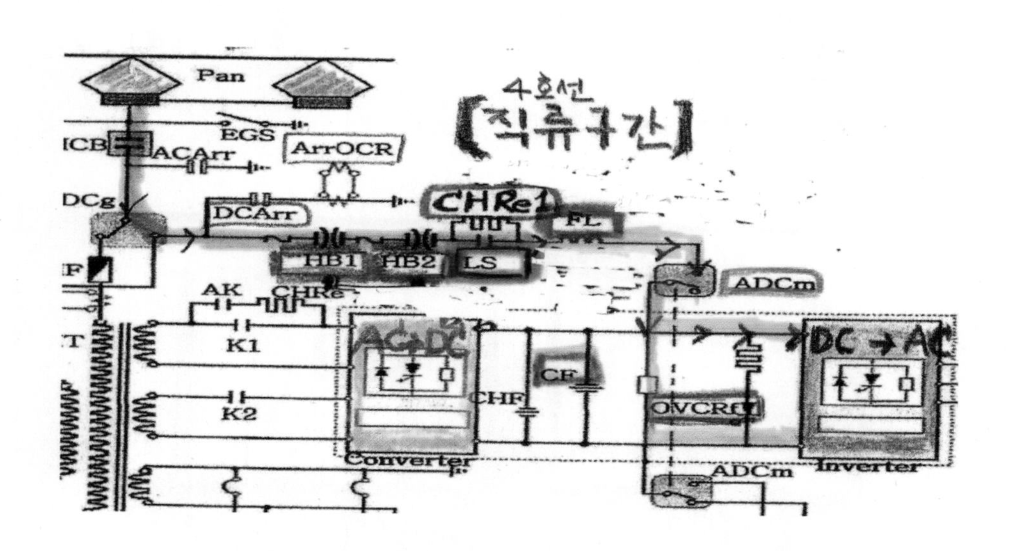

[과천선 주회로 흐름]

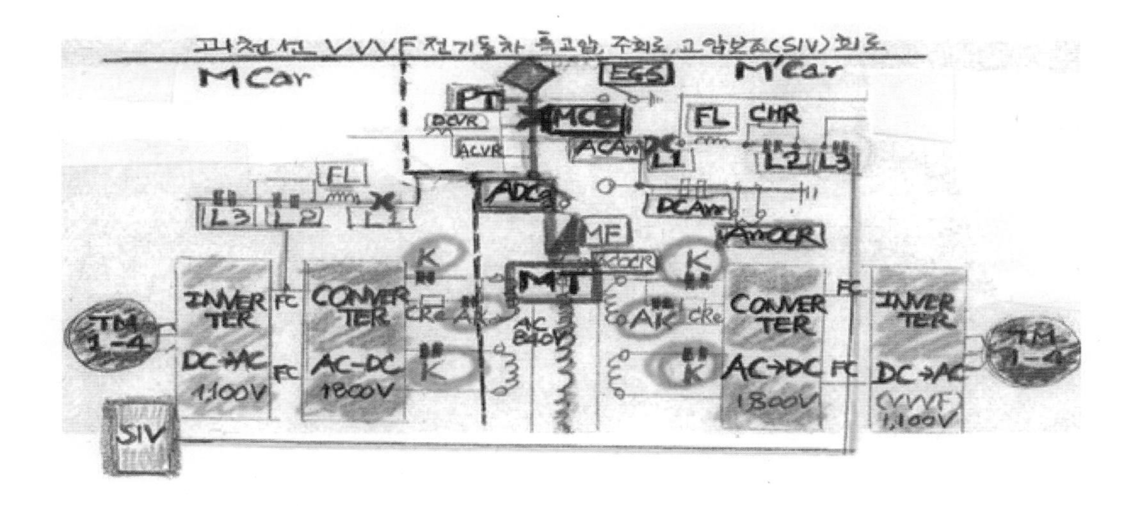

<table><tr><td>

[과천선 교류(AC)구간 운행 시]

◐ Pan → 주회로 차단기(MCB) → 교직절환기(AC위치) → 주휴즈(MF) → 주변압기(MT) → 교류접촉기(AK,K) → 컨버터(Converter) → 인버터(Inverter) → 주전동기(TM 4대 병렬)

</td></tr></table>

<table><tr><td>

[과천선 직류(DC)구간]

◐ Pan → 주회로 차단기(MCB) → 교직절환기(DC위치) → 고속차단기(L1) → 리엑터(FL) → 차단기(L2,L3) → 인버터(Inverter) → 견인전동기 (TM 4대 병열)

</td></tr></table>

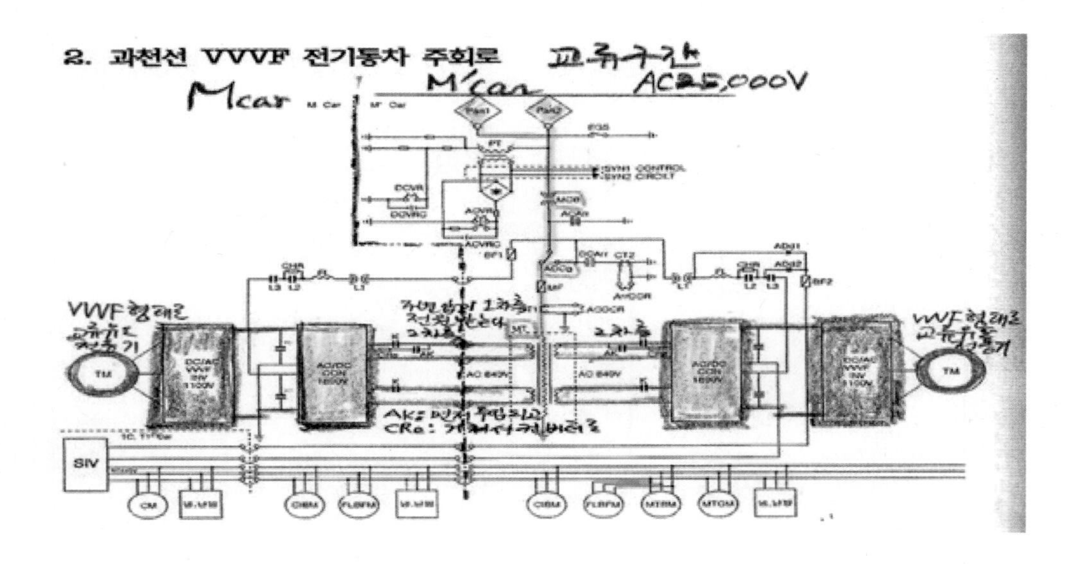

예제 **다음 중 4호선 VVVF 직류구간 운행 시 특고압 및 주회로 전원의 흐름으로 맞는 것은?**

가. Pan—EGS—MCB—ADCg(DC)—Inverter—IM

나. Pan—MCB—ADCg(DC)—MS—HB1,2—LS—ADCm—Inverter—IM

다. Pan—MCB—L1, L2, L3—ADCg(AC)—Inverter—IM

라. Pan—EGS—ADCg(AC2)—IM

해설 4호선 직류

Pan—MCB—ADCg(DC)—MS—HB1,2—LS—ADCm—Inverter—IM

예제 **다음4호선 VVVF 전기동차에관한 설명으로 맞는 것은?**

가. K1, K2는 MCB 투입 시 CF로 들어오는 돌입전류를 방지하고 주회로상에 고장발생시 제어회로 지령에 의해 차단된다.

나. LS는 전자공기식 스위치로 보호회로 동작 시 주회로의 전류를 차단한다.

다. CF는 직류구간에서 설치되어 직류가선의 리플 성분을 흡수한다.

라. FL은 주회로전류의 고주파 Noise를 작게 하는 작용을 한다.

해설 나. LS는 Gate제어장치(G.C.U)의 투입지령에 의해 전자공기식 스위치 병렬로 설치된 충전저항기(CHRe1)

를 통해 CF에 충전이 끝나면 투입된다. 이 접촉기는 투입만 하는 접촉기이다.

다. 컨버터와 인버터 중간 직류부분에 설치되어 컨버터 출력 및 직류가선의 리플성분을 흡수한다.

라. 직류구간운전 중 CF와 결합하여 L–C Filter회로를 구성하여 입력전원을 평활작용한다.

(1) 컨버터(Converter)

[컨버터란?]

– Converter는 전력변환 장치로서 주변압기 2차측 권선에서 나온 AC 출력 전원을 DC전원으로 변환하여 Inverter에 공급하는 역할을 한다.

(가) 컨버터의 구조

– 2개의 Converter를 병렬로 접속시킨 2상 병열구조이다(평활한 상태의 직류를 공급).

[4호선 전기동차 VVVF–서울교통공사 보유]

입력전압 AC 850V × 2 → 출력전압 DC 1,650V

[과천선 VVVF전기동차–코레일 보유]

입력전압 AC 840V × 2 → 출력전압 DC 1,800V

(나) 컨버터의 작용

– PWM제어(Pulse Width Modulation):출력전압은 동일하지만, 출력시간을 다르게 함으로써 교류의 사인파와 비슷한 출력을 낼 수 있도록 하는 제어방식이다.

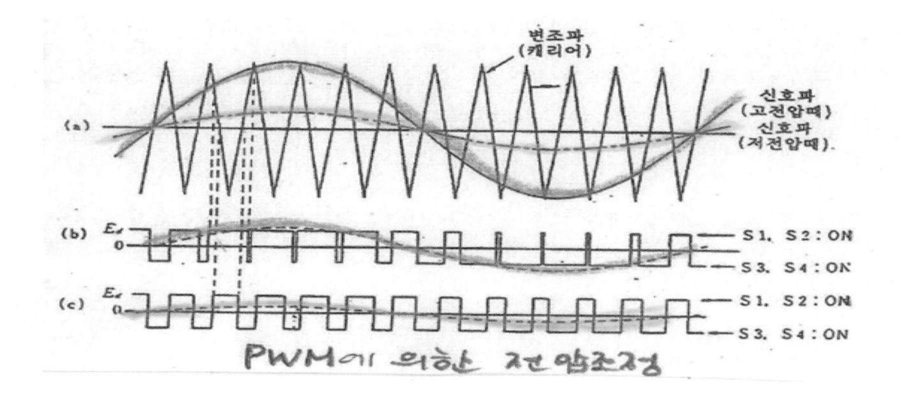

- 1 Arm은 GTO-Thyrister(또는 IGBT)와 역 병열로 접속된 Diode로 구성되어 4개의 Arm으로 단상 Converter회로를 구성하고 있다.
- GTO가 On, OFF할 때 발생하는 아크로부터 GTO를 보호하기 위한 각종 소자를 회로 내에 접속시켜 놓은 구조로 되어 있다.

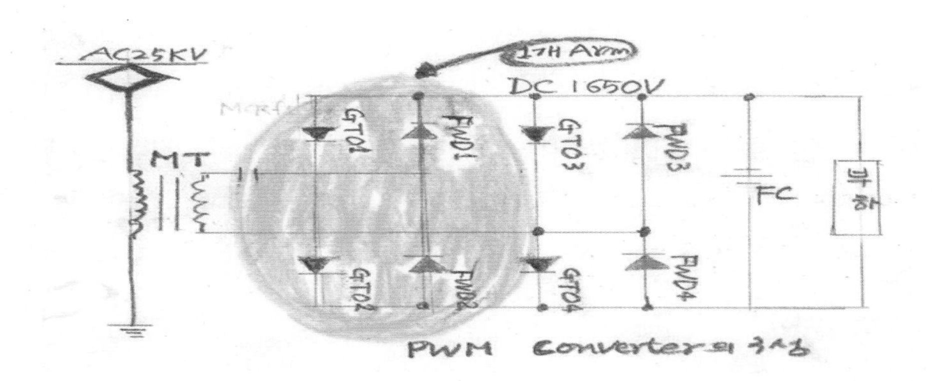

예제 **다음 중 Converter의 제어방식으로 맞는 것은?**

가. PWM 방식 나. 싸이리스터 방식

다. GTO 방식 라. IGBT 방식

해설 PMW 방식이 컨버터 제어방식이다.

예제 **다음 중 Converter 의 구조에 관한 설명으로 틀린 것은?**

가. 단상 전압형 PWM제어방식 Converter로 4개의 Converter를 직렬로 접속시킨 구조이다.

나. GTO가 ON, OFF할 때 발생하는 아크로부터 GTO를 보호하기 위한 각종 소자를 회로 내에 접속시켜 놓은 구조로 되어 있다.

다. Arm은 GTO Thyristor(또는 IGBT)와 역 병렬로 접속된 Diod로 구성되어 4개의 Arm으로 단상 Converter 회로를 구성하고 있다.

라. 두 개의 Converter 출력을 평활하게하고 고주파를 감쇄시키기 위하여 축전지와 리액터가 연결되어 있다.

해설 단상 전압형 PWM 제어방식은 Coverter로 2개의 Coverter를 병렬로 접속시킨(2상 병렬접속)구조이다.

예제 **다음 중 4호선 VVVF 전기동차의 C/I 장치에 관한 설명으로 틀린 것은?**

가. 인버터의 동력운전 및 회생제동 절환은 슬립주파수를 제어하여 이루어진다.

나. 컨버터는 단상 전압형 PWM 제어방식으로 2개를 병렬로 접속시킨 구조이다.

다. 교류구간에서 인버터의 최고 출력전압은 AC 3상 1,100V이다.

라. 컨버터는 AC와 DC의 전류를 변화시키는 장치로 직류구간에서는 가동되지 않는다.

해설 4호선 VVF 전기동차

- AC구간 운전(입력): DC1,650V → (출력)AC 3상 0~1,250V
- DC구간 운전(입력): DC1,500V → (출력)AC 3상 0~1,100V

예제 **다음 중 주변환장치(C/I)의 컨버터 제어방식으로 올바른 것은?**

가. 3상전압형 PWM제어방식

나. 2상전압형 PWM 제어방식

다. 4상전압형 PWM제어방식

라. 단상전압형 PWM 제어방식

해설 컨버터의 제어방식은 단상전압형 PWM제어방식이다.

(2) 인버터의 작용

(1) 동력운전 시 전압, 전류, 주파수(Slip)를 제어하여 속도를 조절한다.

(2) 회생제동 시 전압, 전류, 주파수(Slip)를 제어하여 제동력을 조절한다.

(3) 차륜 헛돌기(Slip) 및 미끄럼(Skid)을 제어하여 제동력을 조절한다.

(4) 전진/후진제어를 한다(U,W,C 상의 상을 2개 바꾸어 주면 후진제어가 발생).

(5) 전압을 변환한다.

회전방향 순서 변경: GTO ON/OFF 순서를 변경
→ 견인전동기 공급되는 3상 전원 순서 변경: (①U → ②V → ③W) ⇒ (①U → ②W → ③V)

(U → V → W) ⇒ (U → W → V)

예제 **다음 중 직류전원을 가변전압, 가변주파수로서 3상 교류전원으로 변환해주는 장치는?**

가. Inverter 나. L1

다. Converter 라. MCB

해설 Inverter – 직류전원을 "가변전압, 가변주파수로 3상 교류전원으로 변환해 주는 장치"이다.

예제 **다음 중 4호선 VVVF 전기동차의 인버터 작용으로 틀린 것은?**

가. 동력운전 시 전압, 주파수(Slip), 역률을 제어하여 속도를 조절한다.

나. 마이크로컴퓨터에서 연산입력된 삼각파 정현파를 연산하여 GTO의 ON, OFF 시기를 결정한다.

다. 직류구간의 동력운전 시 DC1,500V를 AC 3상 0~1,250V로 변환시킨다.

라. 6개의 GTO싸이리스터와 Diod가 역 병렬로 접속되어 있다.

해설 역률을 제어하는 것은 컨버터의 기능이다.

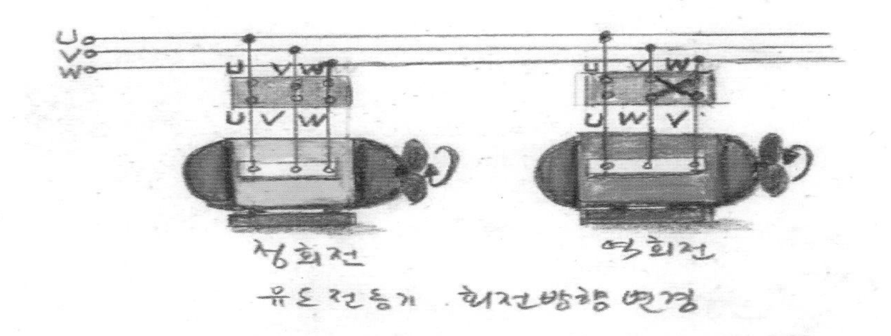

(U → V → W) ⇒ (U → W → V)

예제 **다음 중 4호선 VVVF 전기동차에 관한 설명으로 맞는 것은?**

가. 후부 보안제동 취급 시 동력운전회로가 구성된다.

나. DSR2는 교직절연구간 및 교교절연구간 진입시 ATC장치가 검지하면 여자된다.

다. OPR 여자 시 VCOS 취급하면 CCOSR이 여자하여 해당차 CCOS를 OFF시킨다.

라. M차 PLPN 차단 시 G.C.U 전압 저하로 THTL등이 점등되고 해당차 동력운전 불가능해진다.

해설 가. 11선(동력운전지령선)가압 조건 총족시 11선 -M차 -CCOS(ON) -G.C.U에 입력
나. 교-교 절연구간(대야미 ~ 산본) 진입 시, ATS가 검지하면 여자된다.
라. 후부 PLPN 차단 시 전부운전실 POWER 등이 점등

예제 **다음 중 과천선 VVVF차량으로 직류구간 역행 시 역행단 OFF한 경우의 상태로 틀린 것은?**

가. L2, L3 개방

나. L1 투입

다. 인버터 Gate on

라. MCB 투입

해설 직류구간 역행 시 역행단 OFF시 상태-주제어기 역행단 OFF -11선 무가압 -TCU 역행지령 종료 -L2. L3 개방과 동시에 인버터 GATE OFF -L1 투입, MCB 투입

예제 **다음 중 4호선 VVVF 전기동차에 관한 설명으로 맞는 것은?**

가. OPR 여자로 VCOS 취급 시 MCBCOR이 여자하여 고장차량이 개방된다.

나. TGIS는 주회로 보호동작, 고장기록 및 모니터 기능을 수행한다.

다. MT 2차측에 2,200V 이상 과전류가 흐르면 MCBOR1이 여자하여 MCB 사고차단 시킨다.

라. ATC구간에서 속도초과시 BR이 여자하여 동력운전 지령을 차단한다.

해설 가. [OPR(개방계전기) 여자시]

1. TGIS에 회로 개방 지령 출력
2. 운전실에 중고장표시등(THFL, Train Heavy Fault Lamp) 점등
3. 차량개방에 대비 CCOSR(Control Cut Out Switch Relay) 여자회로 구성한다.
   (VOS취급 시 고장차량 개방한다.)

나. TGIS는 주회로 보호동작을 하지 않는다.

다. MT 2차측 2,500A이상 과전류를 검지하면 G.C.U 지령에 의해 MCBOR을 여자시켜 MCBOR1이 여자하여 MCB를 사고차단 시킨다.

예제 **다음 중 4호선 VVVF 전기동차 교류구간 운행 중 MT 2차측에 2,500A이상 과전류를 검지하면 G.C.U지령에 의해 여자되는 계전기는?**

가. MCBOR2 　　 **나. MCBOR**

다. MCBR1 　　 라. LSWR

해설 Converter에 2,500A 이상 과전류시 G.C.U에 의하여 "MCBOR이 동작"되고, MCBOR 연동으로 "MCBOR1이 여자하여" MCB를 사고차단한다.

주관식 예제

[4호선 주회로 기기]

1) 교류구간 운행 시

(1) AK, K1,2의 역할은?

해설
- AK: CHRe 를 거쳐 CF를 충전 후 K1, K2에 전원공급
- K1, K2: 제어회로 지령에 따라 투입되어 MT와 컨버터를 연결하여 전원을 공급하고MCB 투입 시 CF로 들어오는 돌입전류를 방지해준다.

(2) 컨버터의 역할은?

해설 교류(AC)에서 직류(DC)로 전환시켜준다.

(3) 인버터의 역할은?

해설 직류(DC)에서 교류(AC)로 전환시켜준다.

(4) AK가 CF에 충전한 후 CF는 그 후 어디로 전원을 보내나?

해설 K1, K2

(5) Notch OFF 및 제동 OFF시에 K1,2의 역할은?

해설 주회로 전원차단시키고 동력운전 제동작용을 차단한다.

(6) 회생제동 시 컨버터의 역할은?

해설 직류(DC)를 교류(AC)로 변환시킨다.

(7) OVCRf는 어떤 경우에 동작되나?

해설 1) GCU내(Gate Control Unit: 주변환기를 전체적으로 제어할 수 있는 컴퓨터 장치) 전원 전압 저하 시(제어 전원 이상 시(제어 전원이 들어가지 않을 때)) 과전압보호용 Thyrister를 동작시키게 한다.

2) GTO Gate 전원 전압 저하 시 전원 전압을 올려 주기 위해 OVCRf 동작

3) CF를 기준으로 양쪽 전압이 2,200V 이상 과전압 상태일 때 전압을 다운시키기 위해 OVCRf 동작

(8) 인버터의 작용 중에 후진제어는 어떻게 가능한 것인가?

해설 견인전동기 공급되는 3상 전원 순서를 (U → V → W) 에서 (U → W → V) 로 변경하여 유도전동기를 역회전 시킨다.

2) 직류구간 운행 시

(1) HB1,2 가 어느 경우에 정상차단하고 어는 경우에 사고차단하는가?

- 동력운전off, 제동off 시 또는 GCU(주변환기 제어 컴퓨터장치)보호 검지 시 정상차단한다.
- 직류구간 운전 중 주회로에 1,200A 이상 과전류가 흐를 때 사고차단시킨다.

(2) FL은 어느 기기와 결합하여 무슨 회로를 구성하여 입력전원의 평활하는 작용을 하는가?

– CF(Filter Capacitator)와 결합하여 L–C Filter 회로를 구성함으로써 입력 전원을 평활하는 작용을 한다.

[4호선 제어회로]

[GCU, 계전기 유니트]

(1) GCU는 구체적으로 컨버터를 어떻게 제어하나?

해설 컨버터 제어: 직류 정전압, 역률 제어

(2) GCU는 구체적으로 인버터를 어떻게 제어하나?

해설 인버터 제어: 동력운전 (가속), 회생제동(감속), 전·후진 제어

(3) AK를 통해 CF에 충전하고 그 후 어느 기기에 의해 K1, K2가 투입되나?

해설 K1R, K2R

(4) CDR(Current Detector Relay)은 어느 경우에 작동하나?

해설 회생제동 전류가 100A이상 발생하였을 때 작동하며 회생제동이 3초 이상 작동하지 않으면 전기제동을 공기제동으로 전환하여 회생제동 off 시켜준다.

2) 과천선 VVVF 전기동차 주회로

예제 **다음 중 과천선 VVVF 전기동차 Converter에 관한 설명으로 틀린 것은?**

가. 동력운전 시 주변압기 2차측 권선에서 나온 AC840V를 DC1,800V로 변환시켜 Inverter로 공급해 주는 작용을 한다.

나. 주변압기와 Inverter 사이에 설치된 전력변환장치이다.

다. 회생제동 시에는 유도전동기에서 발생한 DC1,800V를 레일을 통해 방전시킨다.

라. 직류구간에서는 가동할 필요가 없다.

해설 회생제동 시에는 유도전동기에서 발생한 DC1,880 또는 DC1,650를 교류로 변환시켜 주변압기에 보낸다.

예제 **다음 중 과천선 VVVF 차량 인버터의 작용으로 틀린 것은?**

가. 차륜 헛돌기 및 미끄럼 발생시 동력과 제동력을 조절하는 기능

나. 회생제동시 전압, 전류, 주파수(Slip)를 제어하여 조절하는 기능

다. 동력운전 시 전압, 전류, 주파수(Slip)를 제어하여 속도를 조절하는 기능

라. 출력전압은 단상 AC1,100V를 출력한다.

해설 출력전압은 3상 AC1,100V를 출력한다.

제3절 4호선 전기동차 주회로 및 제어

1. 주회로 기기 및 작용

1) 교류구간 운행 시

(1) MT(주변압기)

전동차용 주변압기 kr.aving.net

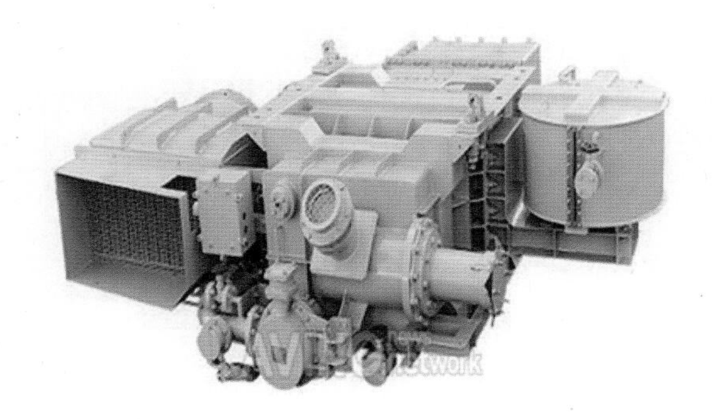

[4호선 권선별(측별)AC전원]

① 1차 권선 : AC 25,000V

② 2차 권선 : AC 855V × 2 → 주회로 전원(Converter)

③ 3차 권선 : AC 1,770V → 보조회로 전원(SIV)

④ 4차 권선 : AC 229V → MBTM, MTOM 전원

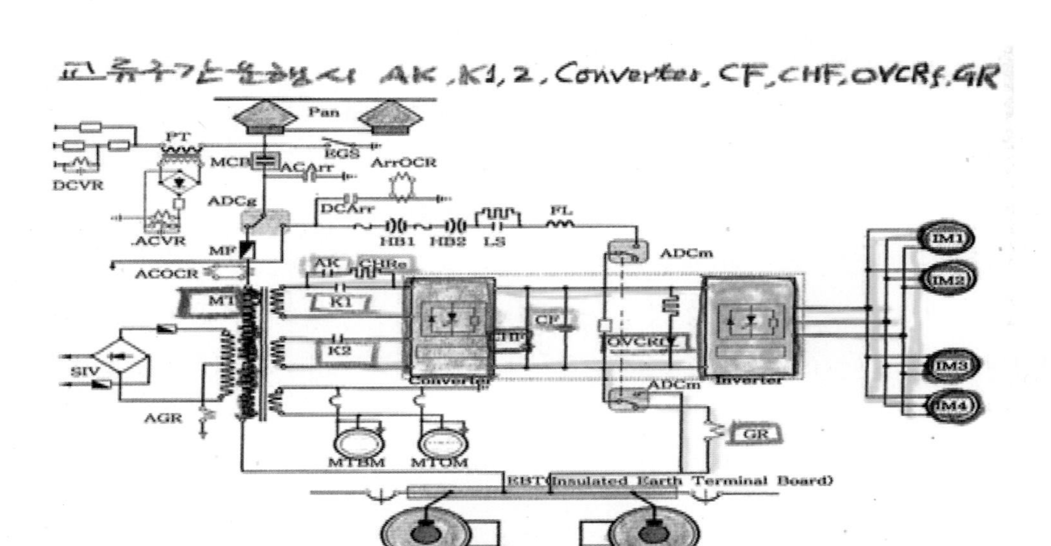

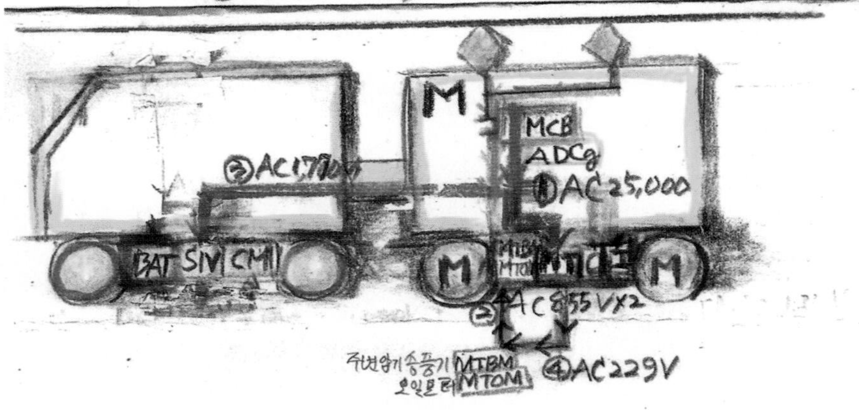

(2) AK(AC보조접촉기)

① AK는 MT 2차측에 설치(LB함 내에 장착)되어, 제어회로 지령(GCU(Gate Control Unit) 제어)에 의해서 투입

② MT 2차측 전원 → 충전저항기(CHRe2)를 통해 전원을 걸러서 → K1, K2와 붙게 되어 → 컨버터가 작동된다.

③ CF(Filter Capacitor)에 충전(감류충전)하는 역할(입력전원 감류하여 아크발생 억제, 기기 보호)

(3) K1,K2(교류 접촉기)

- MT 2차측에 설치(LB함 내에 장착)되어있는 접촉기이다. AC구간 운전할 때 동력운전 및 제동취급 시 제어회로 지령(GCU 제어)에 의해서 투입·개방된다.
- 투입 시 MT와 Converter를 연결하여 주회로 전원을 공급한다.
- Notch OFF(출력제어기를 1,2,3,4단 투입했다가 끈다.) 및 제동 OFF(전기제동: 회생제동 전동기가 발전해서 전기를 생성 → 주회로를 거쳐간다) 시 K1, K2는 차단되어 주회로 전원을 차단 → 동력운전 제동작용을 한다.
- MCB 투입 시 CF에 돌입전류 유입을 방지 및 주회로에 고장 발생 시 M차를 개방하는 작용을 한다.

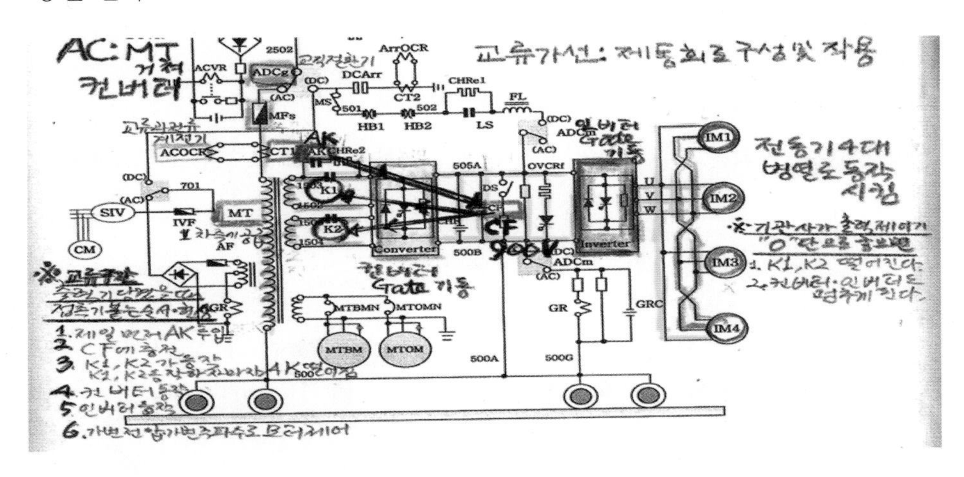

예제 **다음 중 4호선 VVVF 전기동차에 관한 설명으로 맞는 것은?**

가. K1, K2는 MCB 투입 시 CF로 들어오는 돌입전류를 방지하고 주회로상에 고장발생시 제어회로 지령에 의해 차단된다.

나. FL는 주회로 전류의 고주파 Noise를 작게 하는 작용을 한다.

다. LS는 전자공기식 스위치로 보호회로 동작 시 주회로의 전류를 차단한다.

라. CF는 컨버터와 인버터 중간 직류부분에 설치되어 인버터 추력 및 직류가선의 리플성분을 흡수한다.

해설 나. FL는 "고주파(리플전압)성분을 흡수"

다. LS는 "전류차단은 하지않고 투입 전원으로 사용"

"Gate제어장치의 투입지령 → 전자변이 여자 → 5kg/cm^{2}의 압렵공기에 의해 투입"

라. CF는 "컨버터와 인버터 중간 직류부분에 설치", "컨버터 출력 및 직류가선의 리플성분 흡수"

예제 다음 중 4호선 VVVF 전기동차에 관한 설명으로 맞는 것은?

가. GTO 오점호 발생시 THFL이 점등 되고 Reset 취급시 복귀한다.

나. CF는 컨버터 출력 및 교류가선의 리플 성분을 흡수한다.

다. K1, K2 제어전압은 DC24V이며, 제어공기압력은 5Kg/cm^{2}이다.

라. HB1, HB2는 주회로에 1,600A 이상 과전류가 흐를 때 사고차단된다.

해설 나. 컨버터와 인버터 중간 직류부분에 설치되어 컨버터 출력 및 직류가선의 리플성분을 흡수한다.
다. K1, 2의 제어전압은 DC100V이고, 제어공기압력은 5Kg/cm^{2}이다.
라. 직류구간 주회로에 1,200A이상 과전류시 사고차단 한다.

(4) CF(Filter Capacitor)

- 컨버터와 인버터 중간 직류회로 부분에 설치된다.
- 컨버터에서 출력되는 직류전원의 고주파 전압 성분(Ripple: 고주파)을 흡수한다.

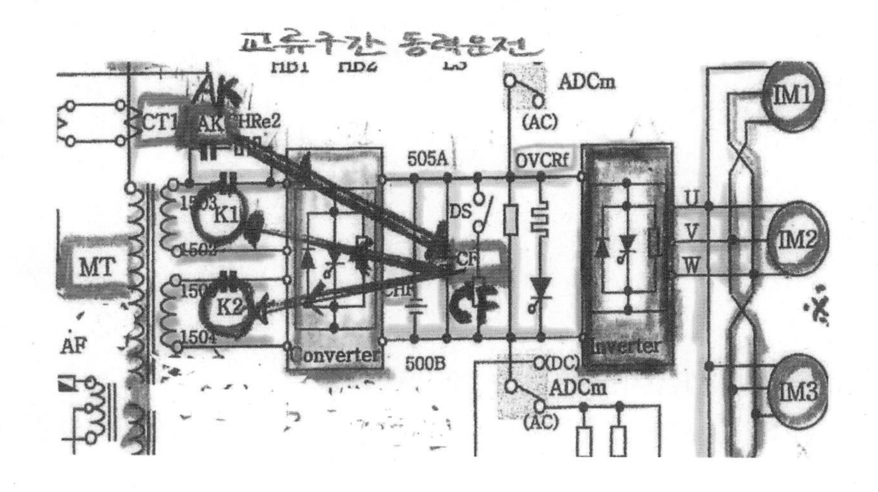

(5) CHF(High Frequency Capacitator)

– 주회로에 전류의 흐름, 차단 등으로 발생하는 고주파 Noise 감소시키는 역할을 한다.

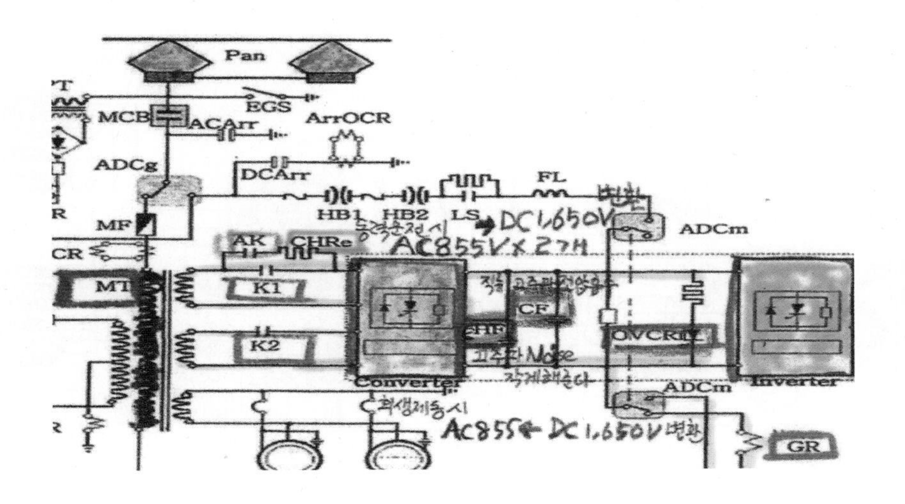

(6) OVCRf(Thyrister for Over Voltage Protection: 과전압 보호 Thyristor)

(*시험문제 출제 많이 됨)

– 주회로에 과전압 또는 GTO 오점호(스위칭 작업에 오류발생 시) 발생 시 동작하여 주회로 기기를 보호하는 기능을 한다.

– 주회로 전류를 OVRe(과전압저항기) 통해 방전으로 보호한다.

[OVCRf 동작 조건]

① GCU 내 전원 전압 저하 시

② GTO Gate 전원 전압 저하 시

③ CF 양단의 전압이 2,200V 이상 과전압시

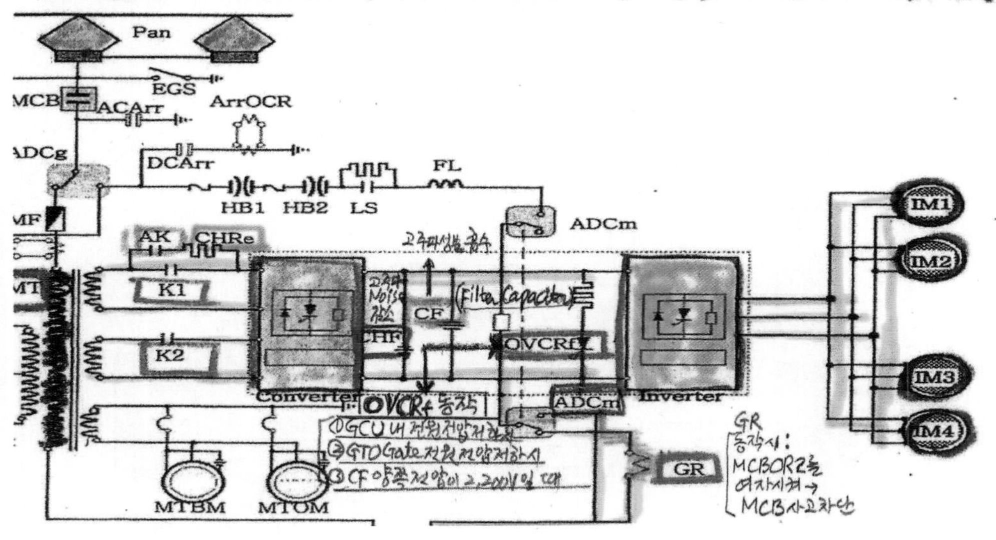

예제 **다음 중 4호선 VVVF 전기동차에 관한 설명으로 맞는 것은?**

가. M차 PLPN 차단시 G.C.U 전원 전압 저하로 THFL등이 점등되고 해당차 동력운전 불능된다.

나. DSR2는 교직사구간 및 교교절연구간 진입시 ATC장치가 검지하면 여자된다.

다. OPR 여자시 VCOS 취급하면 CCOSR이 여자하여 해당차 CCOS를 OFF 시킨다.

라. 후부 보안제동 취급시 동력운전회로는 구성 가능한다.

해설 가. 전부차 PLPN 차단 시 G.C.U 입력되어 회생제동 전류가 100A이상 유기되어 회생제동 계전기(CDR)가 여자된다. POWER등 점등

나. DSR2(제2 절연구간계전기)는 교–교 절연구간 진입 시, ATS장치가 검지하면 여자된다.
교–교 절연구간(대야미 ~ 산본)

라. 보안제동 풀림상태(무여자)에서 11선(동력운전 지령선) 구성 가능하다.

예제 **다음 중 4호선 VVVF 전기동차 중고장표시등(THFL)이 점등되는 경우가 아닌 것은?**

가. GTO Gate 전원 전압 저하 시

나. C/I 장치 내 과온으로 보호회로 동작 시

다. MT 2차측에 2,500A 이상 과전류가 흐를 때

라. MTOMN이 차단된 경우

해설 4호선 VVVF 전기동차 중고장표시등 점등

- MTOMN 차단
- GTO Gate 전원 전원 전압 저하
- MT 2차측 2,500A 이상 과전류

예제 **다음 중 보조전원장치 구동 불능 시 연장급전을 해야 하는데 연장급전을 해야 하는 경우로 틀린 것은?**

가. SIV 중고장으로 SIVFR(SIVMFR) 동작 시

나. 완전부동취급 시

다. 4호선 차량 C/I 고장 시

라. 과천선 M'차 C/I 고장 시

해설 서울교통공사 4호선 차량의 경우 C/I고장시 연장급전을할 필요가 없다.

예제 **다음 중 Converter 의 구조에 관한 설명으로 틀린 것은?**

가. 단상 전압형PWN제어방식 Converter로 4개의 Converter를 직렬로 접속시킨 구조이다.

나. GTO가 ON, OFF할 때 발생하는 아크로부터 GTO를 보호하기 위한 각종 소자를 회로 내에 접속시켜 놓은 구조로 되어 있다.

다. Arm은 GTO Thyristor(또는 IGBT)와 역 병렬로 접속된 Diod로 구성되어 4개의 Arm으로 단상 Converter 회로를 구성하고 있다.

라. 두 개의 Converter 출력을 평활하게하고 고주파를 감쇄시키기 위하여 축전지와 리액터가 연결되어 있다.

해설 단상 전압형 PMW 제어방식은 Converter로 2개의 Coverter를 병렬로 접속시킨(2상 병렬접속) 구조이다.

2) 직류구간 운행 시

(1) HB1, HB2(High Circuit Breaker: 고속도차단기)

(가) HB1, HB2이란?

– 직류구간에서는 MCB가 전원을 차단해 주지 못한다. 부하가 걸린 상태란 전기가 가득 차 있어서 부하된 상태, 즉 전동기에 전원이 공급되고 있는 상태이므로 MCB가 차단할 수 없다. 그래서 HB가 단순히 개폐 역할만 해준다.

– 과전류나 각종 보호기기 동작 시 주회로 전류를 차단한다.

– HB1, HB2는 주회로의 LB 소손 방지 및 주 회로 보호를 위해 설치한 전자 공기식 고속도 차단기이다.

(나) 동작

▶ 투입: 동력운전(기관사가 노치를 당겼을 때) 및 제동 체결(제동: 전동기에 의해 전기가 발전되어 회생 제동하므로)

▶ 차단

① 정상차단: 동력운전 OFF / 제동 OFF(노치를 놓게 되거나, 제동을 풀게 되면 HB1, 2가 떨어진다.) GCU(Gate Control Unit) 보호 검지 시 정상차단된다.

② 사고차단: 직류구간 운전 중 주회로에 1,200A 이상 과전류가 검지 시 사고 차단시킨다.

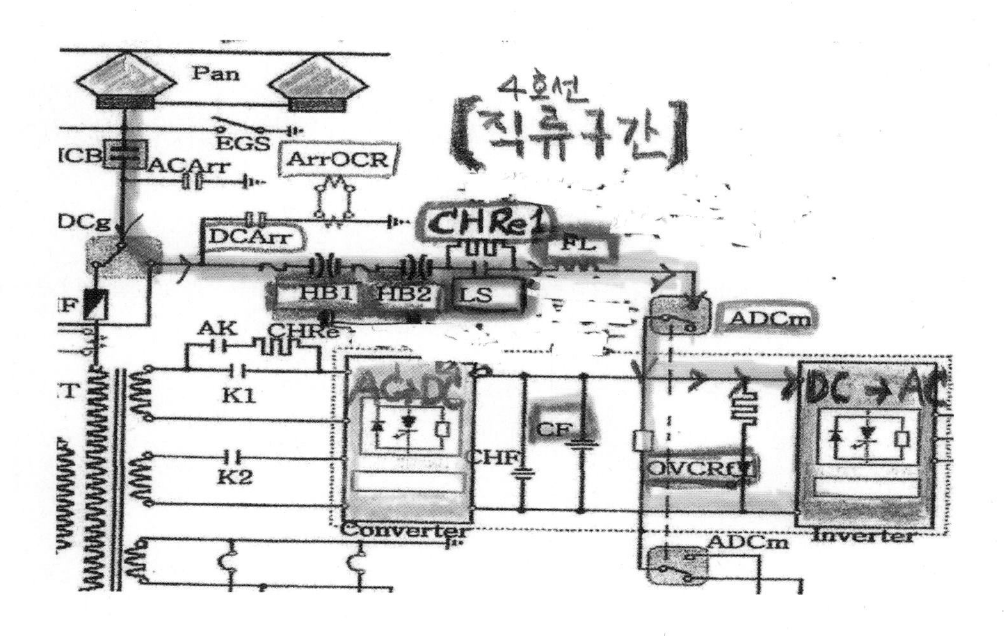

예제 **다음 중 4호선 VVVF 전기동차 직류구간 운행에서 주회로 과전류 또는 보호회로 동작 시 주회로를 보호하기 위해 설치된 기기로 맞는 것은?**

가. FL
나. **HB1, HB2**
다. LS
라. OVCRF

해설 주회로 과전류 또는 보호회로 동작 시 주회로 보호하기 위해 설치된 기기는 HB1, HB2이다.

– HB1 HB2(고속도 회로차단기)
  (1) 전동차 LB의 소손방지 및 주회로의 확실한 보호를 위해 사용(감류차단방식)
  (2) 직류구간에서는 MCB가 직류전원을 차단하지 못하므로 주회로 과전류시 또는 각종 보호회로 동작 시 제어회로의 지령에 의해 주회로 전류를 차단
– LS(주회로 스위치)
  전류차단은 하지 않고 투입 전원으로 사용
– FL(Filter Reactor)
  회로 후단의 CF와 결합 → L–C Filter 회로를 구성 → 고주파(리플전압)성분

예제 **다음 중 4호선 VVVF 전기동차의 HB1, HB2에 관한 설명으로 틀린 것은?**

가. 직류구간에서 MCB 사고차단 및 주회로 보호회로 동작 시 주회로 보호를 위해 설치한 전자공기식 고속도차단기이다.
나. 직류구간 운전 중 주회로 1,200A 이상 과전류가 흐를 때 사고차단된다.
다. 직류구간 운전 중 동력운전 또는 제동 OFF시 정상차단된다.
리. 제어공기 압력으로 투입되며 G.C.U 보호검지 시 정상차단된다.

해설 직류구간에서는 주회로 고장시 MCB가 전원을 차단 못함. 주회로 과전류가 흐르거나 각종 보호기기가 동작 시 '제어회로의 지령'에 의해 주회로 전류 차단

(2) LS(주회로 스위치)

① Gate제어장치(GCU) 투입제어에 의해 전자변이 여자되면 → 5kg/cm^{2}의 압력공기에 의해 투입되는 전자 공기식 스위치

② 병렬로 설치된 충전저항기(CHRe1)를 통해 충전이 끝나면 투입

③ 주회로 스위치(LS)는 전류차단은 하지 않고 투입 기능만 담당하는 접촉

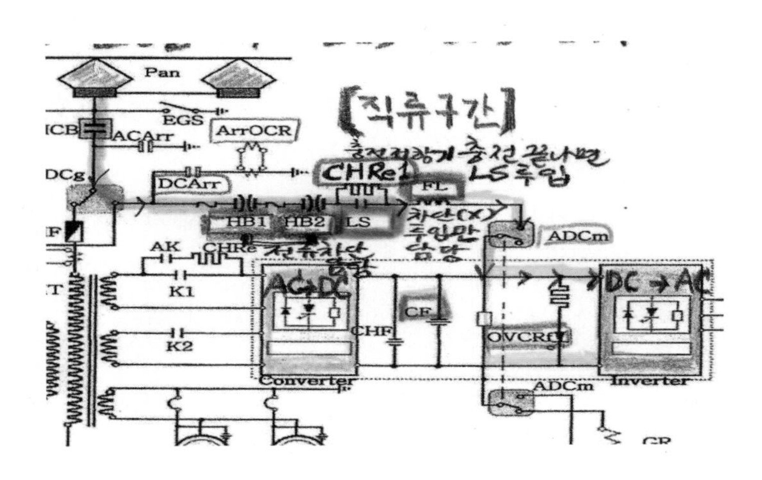

예제 다음 중 4호선 VVVF 전기동차에 관한 설명으로 맞는 것은?

가. 역행시 LS투입은 HB투입, CF 300V 이상 충전, 보호회로 미 동작시 조건을 만족해야 투입된다.

나. AFR 소자 시 TGIS에 '주변압기 3차 접지'가 현시되고 THFL, ASP 및 해당 M차 및 TC차 차측등이 점등된다.

다. K1, K2의 정격전류는 600A이고, MCB투입시 CF로의 돌입전류를 방지하고 고장발생 및 Notch OFF 시 차단된다.

라. 제동 OFF시 전류패턴을 차단, 1초후 Gate를 정지시키고 1.5초후 각 회로차단기를 차단한다.

해설 가. 역행시 LS투입조건은 HB투입 상태 CF에 300V 이상 충전 충족 시, CPU지령에 의해 인버터 Gate를 기동한다.

나. AFR 소자 시 "주변압기 3차 과전류 발생"시 ASF, CIIL, VCOL등 점등

라. 제동 핸들 OFF시 "회생제동 지령선(10선)이 무가압되고 G.C.U의 Gate제어부는 전압, 전류 패턴 발생을 중지, 약 1초 후 Gate를 정지시킴과 동시에 각 회로 차단기 OFF"하여 주회로 개방

(3) FL(Filter Reactor)

- 전동차가 DC1,500V의 구간을 운행할 시에는 주회로에 입력되는 직류전기의 고주파 전압 성분(Ripple 전압)이 포함된다.
- FL은 CF(Filter Capacitator)와 결합하여 L-C Filter 회로를 구성하여 → 입력 전원을 평활하는 작용을 한다.

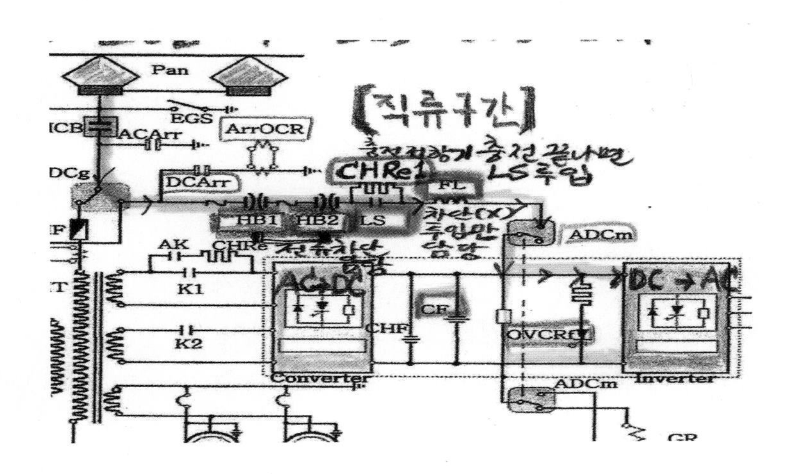

2. 제어회로(4호선 제어회로)의 구성

[제어회로의 기능]

- 지금까지는 하드웨어, 즉 릴레이 방식의 계전기를 여자시켜서 계전기의 접점에 의해서 전기가 통하게 되면서 접촉기가 붙게 되는 등 하드웨어 중심의 전동차 제어에 관해 살펴보았다.
- 여기에서는 소프트웨어 제어에 대해 살펴본다. 즉 GCU(Gate control Unit) 컴퓨터 장치에 의한 소프드웨어적 회로의 구성과 기능에 대해 알아본다.
- 전동차 속도 제어 → GCU(Gate control Unit)의 Micro Computer가 담당한다.
- GCU(Gate control Unit)의 Micro Computer가 기관사의 각종 운전 지령(제동이나 노치 취급) 및 주회로 상태를 연산 처리하여 수행한다. 인체의 두뇌역할과 같다고 보면 된다.

[Converter/Inverter box 내 주요 Unit]

① 게이트 제어 유니트(Gate Control Unit)

② 게이트 증폭 유니트(Gate Amplifier Unit)

③ 전원공급 유니트(Power Supply Unit)

④ 계전기 유니트(Relay Control Unit)

1) 게이트 제어유니트(GCU: Gate Control Unit)

[주요기능]

가. 컨버터 제어: 직류 정전압, 역률 제어

나. 인버터 제어: 동력운전(가속), 회생제동(감속), 전 · 후진 제어

다. 헛돌기 제어: 출력 감소(일단 전원을 껐다가) 재점착 제어

라. 보호 및 모니터 제어: 보호동작, 고장기록, Monitor 기능(TGIS나 TCMS에 넣어준다)

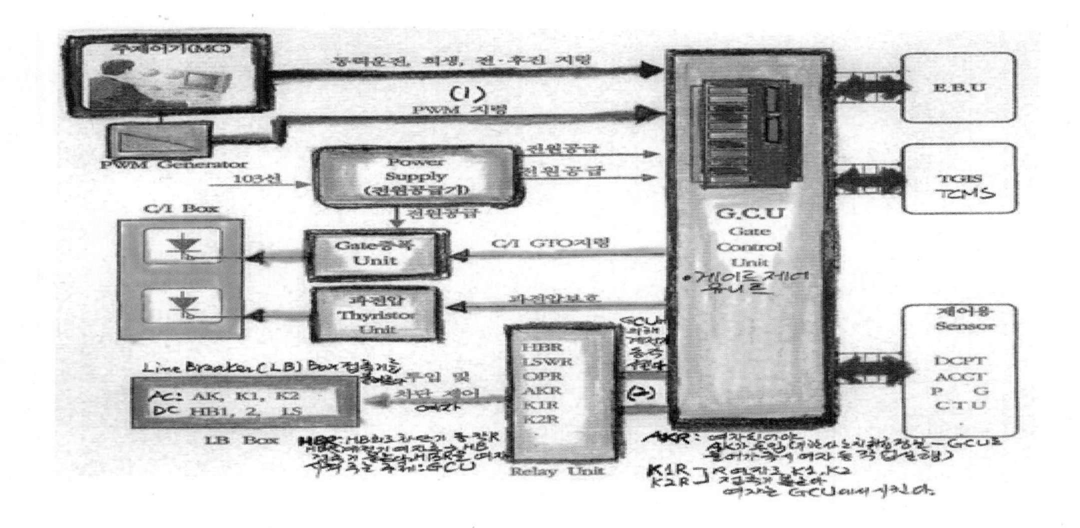

GCU 제어회로 구성도

PWM:펄스 폭의 등가전압을 사인파 모양으로 변환->
고주파가 적은 매끄러운 출력을 얻게 하는 방식

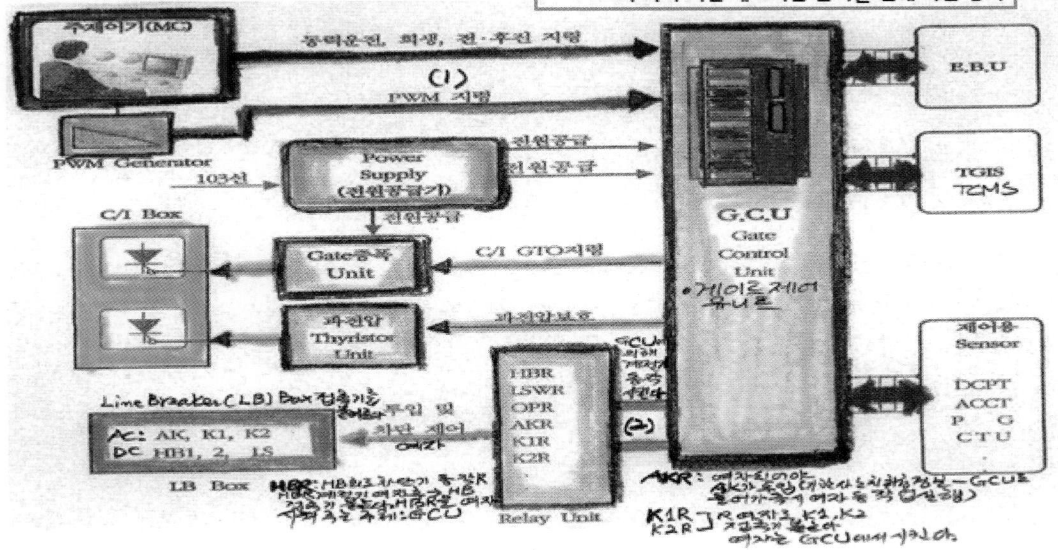

예제 다음 중 4호선 VVVF 전기동차 G.C.U(게이트제어유니트)의 주요기능이 아닌 것은?

가. 인버터 제어

나. 컨버터 제어

다. 고장기록 및 고장처치

라. 공전 시 재점착 제어

해설 GCU의 주요기능은 컨버터 제어, 인버터 제어, 헛돌기 제어(재점착제어), 보호 및 모니터 동작이다.

예제 다음 중 과천선 VVVF 전기동차에 관한 설명으로 맞는 것은?

가. 직류구간에서 주회로에 1,600A 이상 과전류 시 MCBOS–RS–3초 후–MCBOS를 취급한다.

나. MCBOR 무여자 시 SIV가 정지되고 60초 후 MCB가 차단된다.

다. M차 CIFR 여자 후 복귀불능 시 연장급전–MCBOS–VCOS –RS 3초 후–MCBCS를 취급한다.

라. 주변압기 온도이상 발생 시 해당 차량 MCB가 차단된다.

해설 나. SIV 고장 후 감시시간 후(60초) 재고장 발생 시 SIVFR 여자된다
다. M차 L1트립 중 CIFR 여자 시: 연장급전스위치(ESPS)를 취급한다.
라. 주변압기 온도 이상 발생시 주차단기는 작동하지 않는다.

3. 4호선 VVVF 동력운전 제어

[VVVF동력운전 제어의 특징]

- 대부분의 제어가 GCU의 Micro Computer에 의해 자동으로 작동.
- 각종 기기상태, 차량고장 여부 등을 TGIS(열차종합정보장치)를 통해 파악
- 기관사의 각종 운전지령 및 주회로 상태를 연산처리하여 수행컨버터 및 인버터 제어

예제 다음 중 4호선 VVVF 전기동차에 관한 설명으로 틀린 것은?

가. ATC 장치 고장이나 지령속도 초과시 BR이 소자하여 동력운전 지령이 차단된다.

나. G.C.U는 전동차 제어기능을 수행하며 보호동작, 고장기록 및 모니터 기능이 있다.

다. 동력운전 및 무동력운전 중 DMS를 누르지 않을 경우 5초 후 경고음이 동작하고 비상제동이 체결 된다.

라. 출력제어기(PS)와 전후제어기는 기계적으로 Interlock되어 있다.

해설 동력운전 및 무동력운전 중 출력제어기핸들(PS)에서 손을 놓을 경우 → DMS 개방되어 DMR소자에 의해 경고음이 울린다.

4. GCU 기동(전원공급)

– 제동핸들을 투입하면 103선(DC100V)가압된다. 전원은 <그림>과 같은 과정을 거쳐 여자된다.

⊙ 103 → CICN(컨버터/인버터 제어 NFB) – 39선 → CITR(Catenary Interrupt Time Relay:가선정전 시한 계전기) → LCK(부하 제어 접촉기) → LGS로 여자

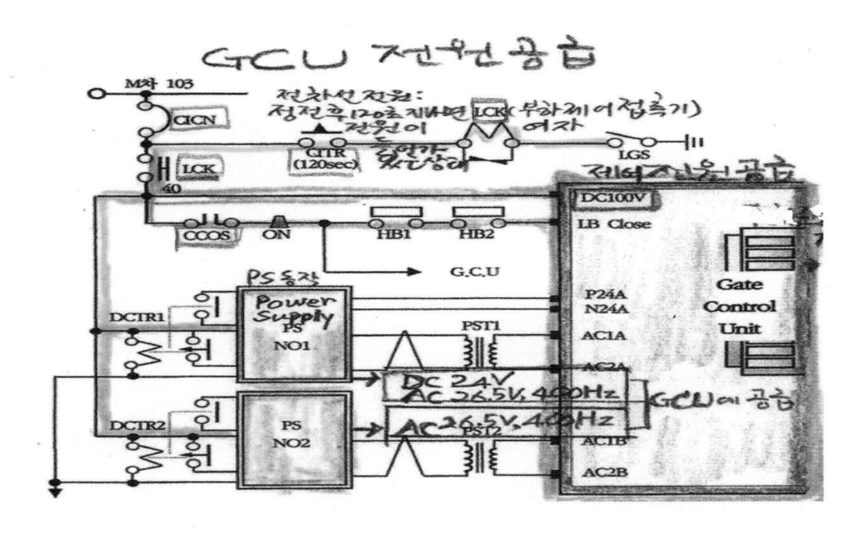

[GCU 기동(전원공급)]

– CITR(CITR, Catenary Interrupt Time Relay: 가선정전 시한 계전기): 전차선 정전으로 인한 축전기 방전을 방지하기 위해 설치한 계전기 가선정전 후 120초가 지나면 소자 → LCK로 하여금 부하를 차단하게 한다.

– CCOS(Control Cut–Out Switch: 제어회로 절환스위치)

– LCK(Load Control Contractor: 부하제어 접촉기)

5. 동력운전 제어(4호선)

1) 전후진 제어

(1) 전후진 제어기 동작

① 전후진 제어기를 전진(F)으로 하면 4선이 가압된다.

② 전후진 제어기를 후진(R)으로 하면 5선이 가압되어 → GCU에 전진 및 후진 명령이 입력되고, 이 설정 내용이 TGIS에 표시된다.

(2) TGIS의 열차진행 방향 표시는 제동핸들 투입 시 TGIS의 열차진행 방향은 → 제동핸들 투입 시 → HCR(전두차 제어계전기)여자에 의해 표시된다.

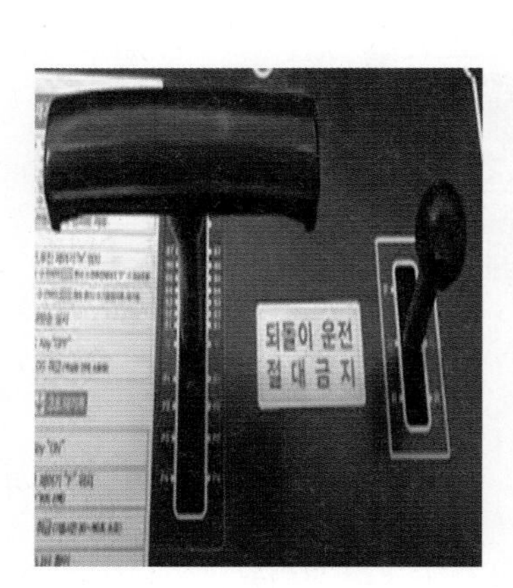

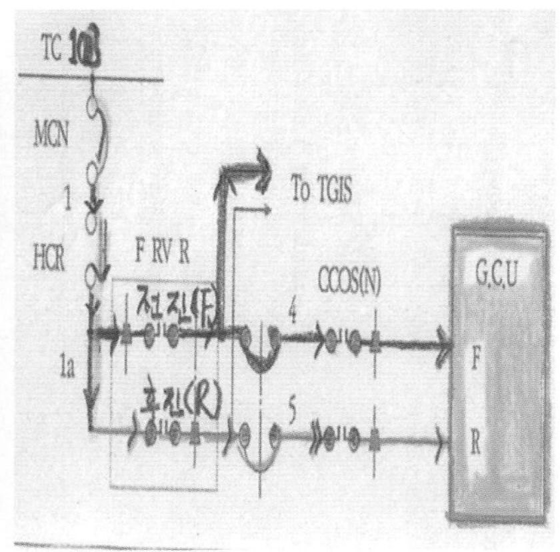

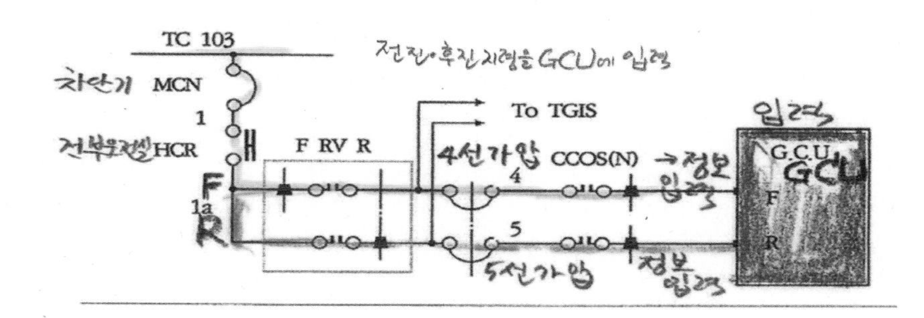

2) 출력제어기(PS: Power Switch) 취급

[전후진 제어기 동작]

① 전후진 제어기를 전진(F)으로 하면 4선이 가압된다.

② 전후진 제어기를 후진(R)으로 하면 5선이 가압되어 → GCU에 전진 및 후진 명령이 입력되고, 이 설정 내용이 TGIS에 표시된다.

"전후진제어의 세팅은 완료했으니까 이제는 실제로 노치를 취급해서 동력운전을 해보자.!!"

[PS(Power Switch)취급에서 GCU입력 과정]

① PS 1−4 Notch를 취급 출력이 PWM Generator를 거쳐 34, 35선을 통해 PWM 신호가 GCU에 입력

[PS위치별 작용]

① 1 Notch: 입환용 저속도 운전

② 2 Notch: 부분 견인력

③ 3 Notch: 최대 견인력

④ 4 Notch: 최대 견인력 및 고속주행 운전

* 처음에 전동차운전실에에 들어와서 제동제어기 핸들에 키를 꽂으면
→ 배터리 동작 → ACMCS를 누르면 → ACM 동작(공기압력이 들어갔다)
→ PanPS를 눌러서 → Pan상승시킨다. → MCB투입하면 → 1차측 주변압기에 전원이 들어간다. → 컨버터에도 전원 들어가고 → SIV도 동작을 시킨다.
→ 배터리와 CM을 동작시킨다. → 출력제어기를 넣으면 전동기가 돌아가게 된다.

– 그러면 어떤 조건들이 충족되어야 전동기가 돌아갈 수 있을까? 어떤 조건이 되어야 동력운전이 가능할까?

– 거대한 전동차가 앞으로 나아가거나 움직이려면 각종 조건을 맞추어 안전상태를 확보해 두어야 한다.

▣ 4호선[11선 가압조건 (동력운전 조건)] (중요)

(1) 주차제동이 체결되지 않는(풀림) 상태(PAR: b)

: 풀려 있어야 동력 회로가 구성된다(과거에 불꽃이 튀고 화재 발생 상황).

(2) 안전 LOOP회로 구성및 제동 Line 정상 상태(BER: a)

- 비상제동이 안 걸려 있는 상태이어야만 출력제어기 취급으로 동력 운전이 준비된다.
- 비상제동 루프회로: 루프회로에는 각종 조건들이 맞물려 있다.
- 비상제동이 여자상태는 비상제동이 안 걸려 있는 상태이다.
- 각종 조건이 안 맞으면 비상제동이 무여자가 되면서 비상제동이 체결된다.

(3) 운전자 안전장치 정상상태(DMR: a)

- 출력제어기를 누르고 취급하게 되어 있다.
- 3, 4단 장치에 설정한다면 출력제어기를 계속 누르고 있는 상태라야 된다.
- 손을 뗄 때에는 순간 경보음이 울린다.

  "아! 졸고 있구나!", "안전운행합시다". (이때 안 눌러주면 5초 후에 비상제동이 체결된다)

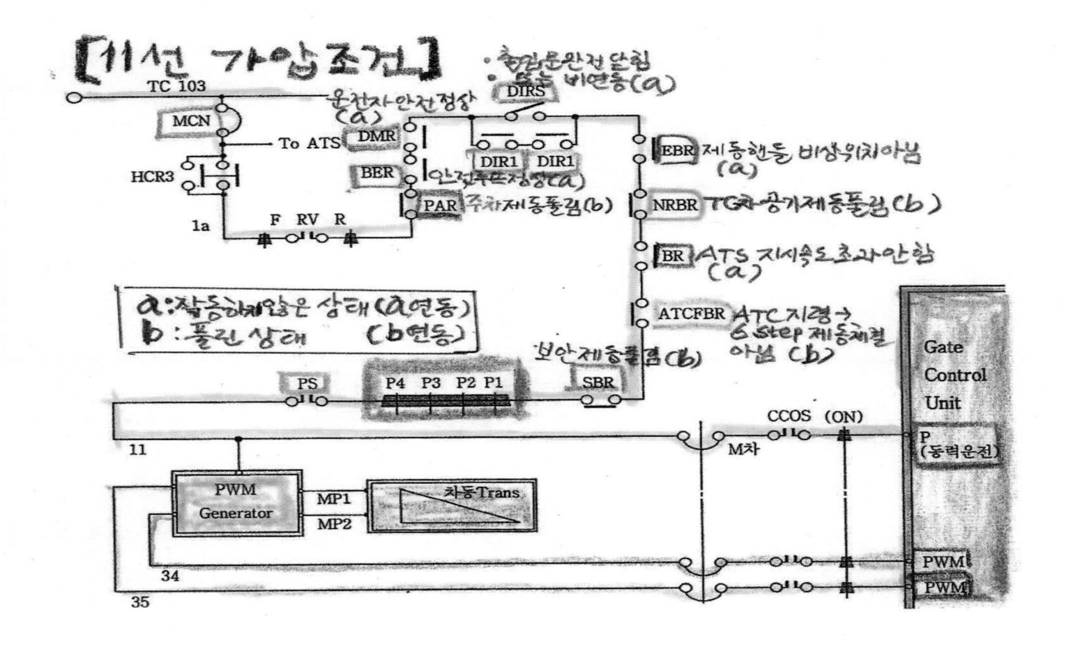

(4) 전체 출입문의 완전 닫힘(폐문)(DIR: a) 또는 비연동 운전(DIRS) 상태

- 역에서 출입문을 닫았는데 승객 손이 끼어서 1개의 출입문이 열려 있다.
- 문이 열린 상태에서는 동력운전 못하게 되어 있다.
- 비연동 운전: 문이 닫히지 않았더라도 역직원이 나와 감시한다거나 하면 비연동 운전을 관제로부터 승인을 받아 운전할 수 있다.

(5) 제동핸들이 비상위치가 아닌 상태(EBR: a)

비상제동이 체결되어 있는 상황에서 동력운전 불가능하다.

(6) TC차 공기제동이 풀린 상태(NRBR: b)

공기제동이 다 풀려 있어야만 출력제어기 취급이 가능하다.

(7) ATC장치 정상 및 지시속도 초과하지 않는 상태(BR: a)

속도초과하게 되면 ATC차상신호장치에서 제동 신호를 주게 되어 있다.

(8) ATC 지령에 의한 6 Step 제동체결(걸림)이 아닌 상태(ATCFB: b)

(ATC Full Brake Relay: ATC제동계전기)

(9) 보안제동이 체결되지 않은(풀림) 상태(SBR: b)

상용제동, 비상제동이 안 될 때 보안제동 체결하므로 보안제동은 풀려있어야 한다.

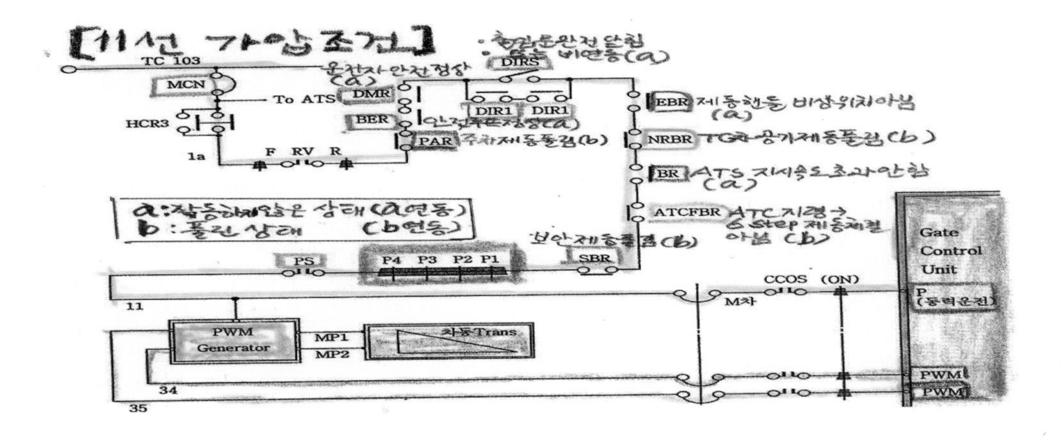

예제 **다음 중 4호선 VVVF 전기동차에 관한 설명으로 틀린 것은?**

가. 출력제어기(PS) 3Notch시 최대견인력이 발생한다.

나. 교직절연구간에서는 동력운전 및 회생제동이 차단된다.

다. DMS OFF시 즉시 동력운전 및 회생제동이 차단된다.

라. 비상제동 체결시 동력운전과 회생제동이 차단된다.

해설 DMS OFF시 5초 후 "DMTR이 소자하여" 비상제동이 체결된다.

예제 **다음 중 4호선 VVVF 전기동차의 동력운전에 관한 설명으로 틀린 것은**

가. 동력운전 중 DMS OFF시 동력운전이 차단된다.

나. 출입문 차측등 점등상태에서 DIRS 취급하면 동력운전이 가능하다.

다. 전부 TC차 제동력부족 검지 시 동력운전이 불능된다.

라. 동력운전 중 ATC 지령속도를 초과하는 경우 동력운전이 차단된다.

해설 전부 TC차 공기제동 풀림상태(NRBR: 무여자)에서는 동력운전이 가능하다.

3) 교류구간 동력 운전

[GCU에 동력운전 정보]

(11선, 34. 35선 가압) 입력 후 제어 순서

- 교류구간에서 동력운전을 위하여 Notch를 취급하면 아래와 같은 순서로 회로차단기가 투입된다.

① GCU의 지령에 의해 AKR을 여자시켜 → AK 투입

▷전후 제어기는 F 또는 R위치에 설정

▷ Norch는 1－ 4위치

▷ K1,2 접촉기는 OFF상태, 회생제동은 OFF 상태

② AK 투입 → AK를 통해 CF에 충전(CHRe2 통해 감류충전)

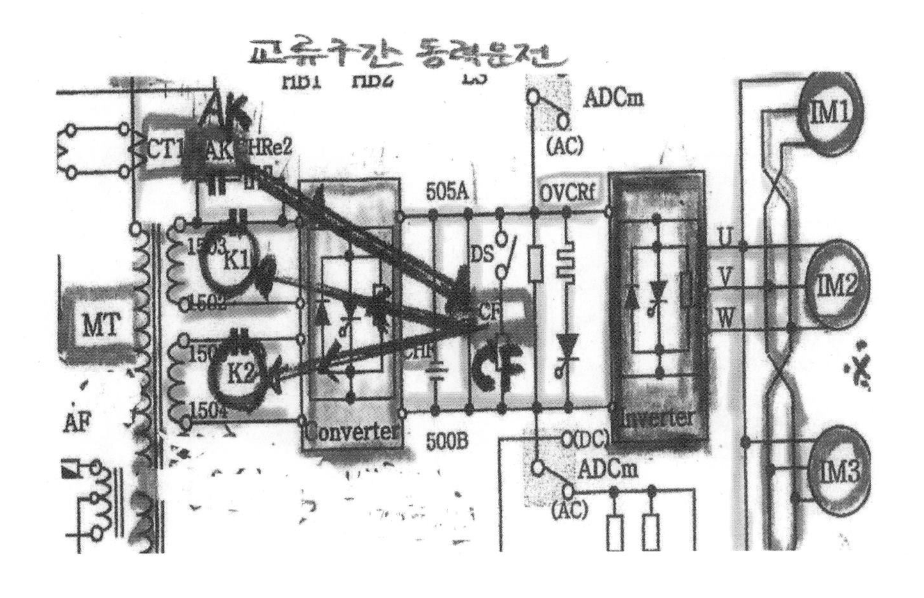

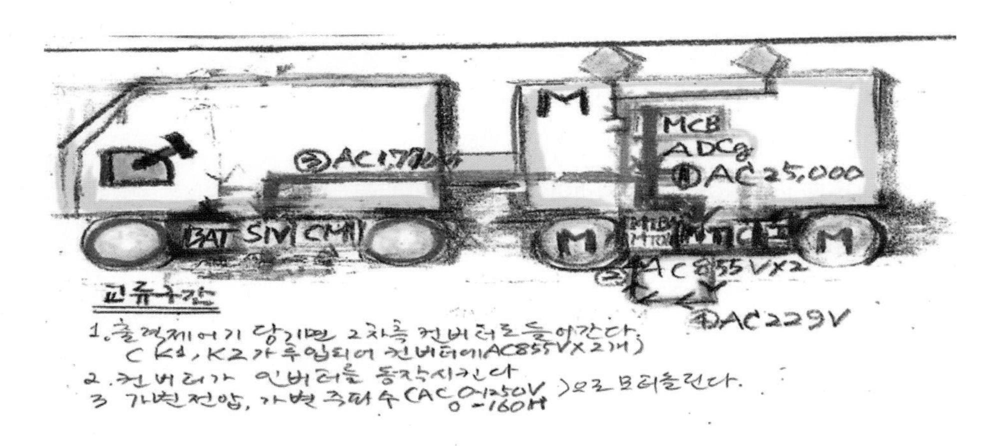

③ GCU에서 AK 투입 0.5초 후

→ K1R, K2R가 여자하여 → K1, K2 투입된 후 → AK는 차단(AK투입, 보호회로 미동작)

④ 위 조건 충족 시 컨버터 Gate 기동 개시(K1,2 ON, 보호회로 미동작)

⑤ CF에 900V 이상 충전 확인 후 → 인버터 Gate 기동 개시

(단, AK투입 후 1초 이상 경과하여도 K1,2가 투입되지 않을 경우에는 AK를 OFF시킨다.)

⑥ 인버터 Gate 기동 → 전류 Pattern(상 전압 크기, 순서, 주파수) 발생 → 전동기 제어

⑦ 전동기 제어 → 전동차 가속

▷ 인버터 Gate 기동조건: 900V 이상, 보호회로 정상

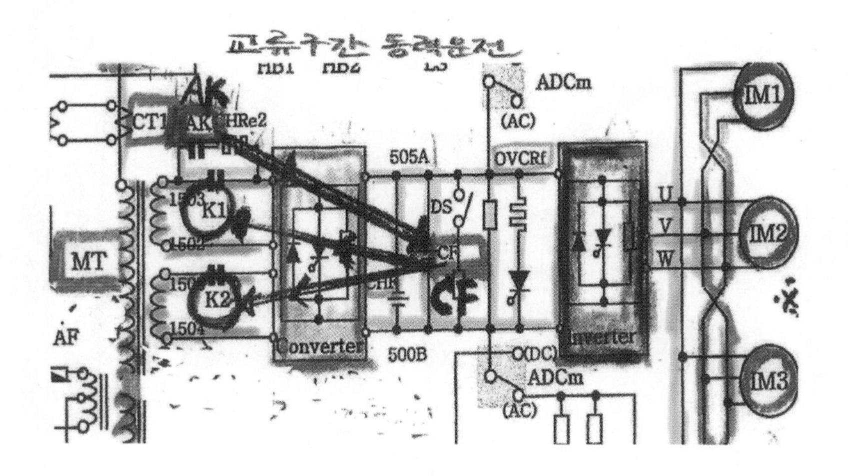

예제 **다음 중 4호선 VVVF 전기동차에 관한 설명으로 틀린 것은?**

가. CF에 900V 이상 충전되면 인버터 Gate를 기동시킨다.

나. 교류구간에서 K1, K2가 투입되면 AK는 차단된다.

다. 교류구간에서 Notch off하면 역행지령이 차단되어 전압, 전류패턴을 끊고 1초 후 K1, K2가 차단되어 회로를 개방한다.

라. 직류구간에서 Notch off하면 역행지령이 차단되어 전류패턴을 끊고 1초 후 G.C.U Gate를 off 시킨다.

해설 교류구간 동력운전 시 Notch off시 → 동력운전 지령이 무가압
Gate제어부는 전압, 전류 pattern을 끊고 1초 후 G.C.U Gate를 off 시킨다.
1.5초 후 k1, k2를 차단하여 회로를 개방한다.

예제 **다음 중 4호선 VVVF 전기동차 교류구간 운행에서 MCB가 사고차단된 경우에 운전실의 RESET 스위치 취급으로 복귀가 되지 않은 것은?**

가. MCBOR1 동작 시

나. GR 동작 시

다. ArrOCR 동작 시

라. AFR 동작 시

해설 AFR 동작 시 MCB가 사고차단 된경우 운전실의 RESET 스위치 취급에도 복귀되지 않는다.

예제 **다음 중 4호선 VVVF 전기동차의 중고장표시등(THFL)이 점등되지 않는 경우는?**

가. GTO Gate 전원 전압 저하 시

나. C/I 장치 내 과온으로 보호회로 동작 시

다. MT 2차측에 2,500A 이상 과전류 시

라. MTOM이 차단될 경우

해설 4호선 중고장표시등(THFL)이 점등 되는 경우

(1) OVCRf 동작되는 경우
(G.C.U 내 전원 전압 저하 시, GTO Gate 전원 전압 저하 시, CF양단의 전압 2,200V 과전압 시)
(2) MCBOR1 여자 시(AC구간에서만)
(3) MT 2차측 2500A 이상 과전류
(4) MCBOR2 여자 시(AC구간에서만)
(5) ACOCR, GR, AGR, ArrOCR 동작 시, MTOMR 여자 시

예제 **다음 중 4호선 VVVF 전기동차에 관한 설명으로 맞는 것은?**

가. 회생제동은 열차속도가 약 10Km/h 이하로 되면 인버터 Gate 및 각 회로차단기를 OFF 시킨다.

나. 정거장 진입 중이거나 열차속도 5Km/h 이하의 속도로 타력운행 중에는 DRS를 OFF 하여도 5초 후 비상제동이 체결되지 않는다.

다. 주변압기 2차측 과전류시 VCOS취급하며 MCB 재투입이 가능하여 POWER등 점등이 가능하다.

라. 주변압기 2차측 접지시 VCOS취급하면 CCOS가 OFF위치로 전환된다.

해설 가. 열차속도가 10Km/h 이하로 되면 전기/공기 Blending을 개시한다.
나. 5km/h 이하로 되면 인버터 Gate를 정지시킴과 동시에 각 회로 차단기(HB, LS, K1, 2)를 OFF 한다.
다. 주변압기 2차측 과전류시 MCBOR(MCB개방계전기)가 사고차단한다.
라. 운행 중 컨버터/인버터장치의 보호회로 동작으로 VCOS(고장차개방 SW)를 취급하면 CCOSR이 여자되어 CCOS가 OFF위치로 전환되므로 제어 회로 G.C.U로의 전원공급 및 운전지령 차단

예제 11선이 가압되는 조건(동력운전 조건)을 열거해보자.

해설
1. 주차제동 풀림상태
2. 안전 루프회로 구성 및 제동라인 정상
3. 운전자 안전장치 정상
4. 전체 출입문 완전 폐문 또는 비연동 운전
5. 제동핸들 비상위치가 아닐 것
6. TC차 공기제동 풀림상태
7. ATC장치 정상 및 속도초과 상태가 아닐 것
8. ATC에 의한 6스텝 제동 걸림상태가 아닐 것
9. 보안제동 풀림상태

4) 직류구간 동력 운전

– GCU지령에 의하여 HBR을 여자시켜 LB Box 내의 HB1, 2을 투입한다.

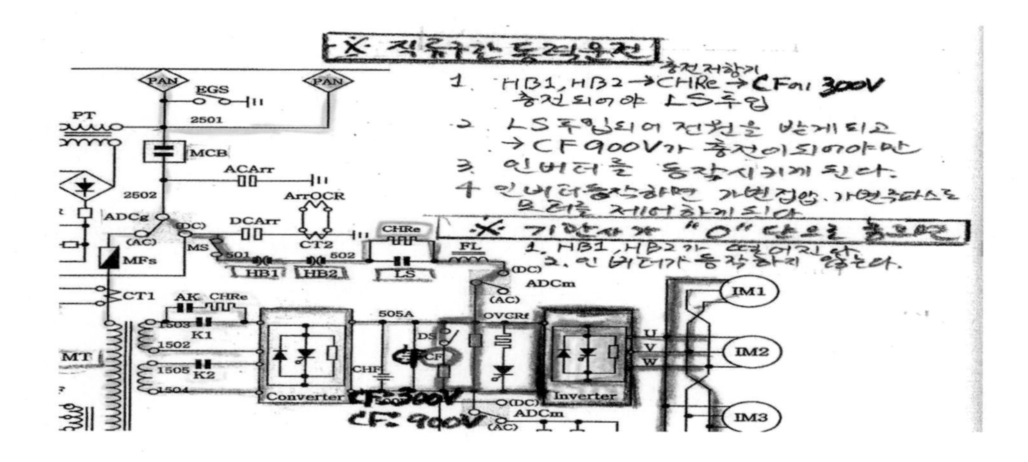

[투입 및 기동조건]

(1) HB 투입조건

① 전후진 제어기 전진(F), 후진(R)위치

② Norch 1–4위치에 의해 동력운전 지령(P) 및 제동 OFF조건

③ LS OFF 및 보호회로 동작하지 않는 조건

(2) LS 투입조건

◉ HB 투입상태
◉ CF 양단에 300V 이상 충전

(3) 인버터 Gate 기동조건

◉ CF에 900V 이상
◉ 보호회로 정상(동작하지 않는 조건)

– Norch를 OFF하면 P(동력운전)지령이 무가압되고, → Gate 제어부는 전압, 전류 Pattern을 끊고 → 1초 후에 GCU Gate를 OFF시킨다.
– 그 후 1초 후에 회로를 개방한다.

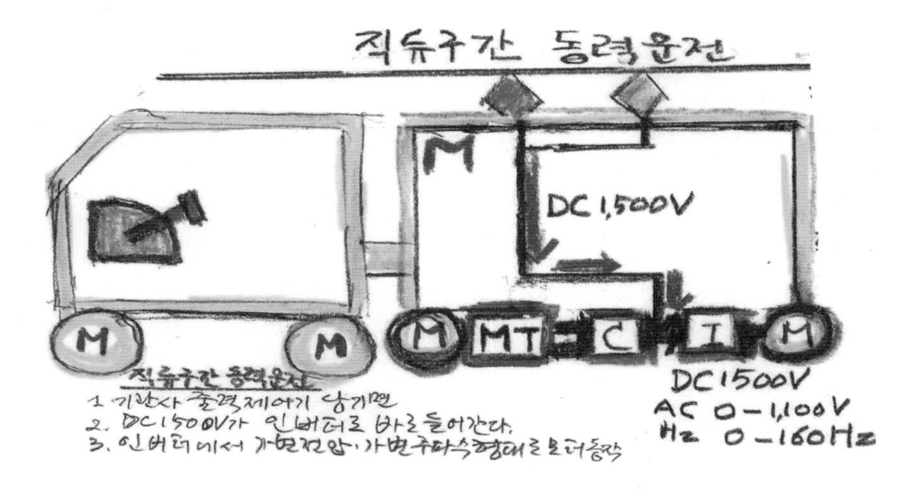

(4) 운전자 안전장치(DMS: Dead Man Switch)

- 출력제어기는 계속 누르고 있어야 동력운전이 가능
- “마스콘이 떨어져 있다” “기관사가 졸고 있다고 판단”

① 기능: 운전 중 기관사의 신체적 이상, 졸음 사고 발생시 열차 안전 확보 장치

② 동작: 열차속도 5km/h 이상(5km 이하에서는 놓아도 상관없다)의 동력운전 및 무동력 운전 중 출력제어기 핸들(PS) 놓으면 → DMS개방되어 → DMR 소자 → 즉시 경고음 발생 및 “안전 운행합시다” 메시지 송출 → 5초 후 비상제동 체결

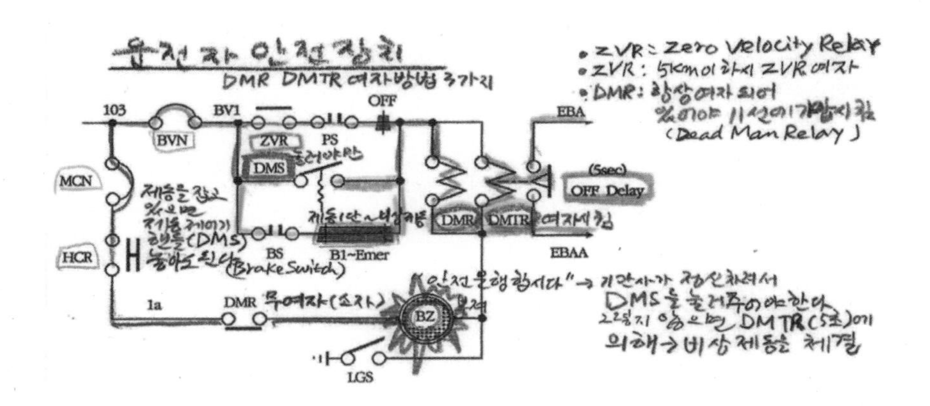

(5) CCOS(Control Cut Out Switch: 제어회로 개방 스위치)

- CCOS: 평상 시 ON위치에서 주간제어기의 운전 지령 및 각종 입력신호와 GCU(컴퓨터장치: 운전제어, 기관사 동력투입, 출력제어, 노치당김, 제동취급 등 정보가 입력됨)를 연결시키는 개방스위치
- VCOS(고장차 개방 SW: MCB투입회로, 차단회로 때 배움)를 취급하면 → CCOSR이 여자되어 CCOS가 OFF 위치로 전환(GCU와 각종신호를 입력시켜주는, 즉 인터페이스 해주는 역할의 CCOS가 차단됨.)되므로 제어회로 GCU로의 전원공급 및 운전지령이 차단된다.

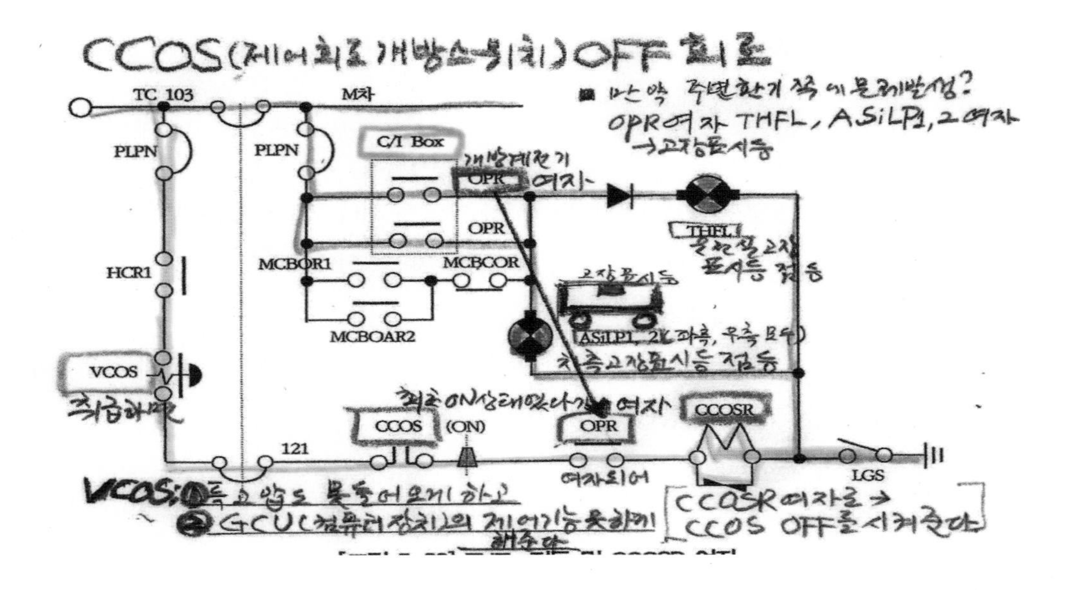

예제 **다음 중 4호선 VVVF 전기동차 관한 설명으로 맞는 것은?**

가. 동력운전 중 DMS(운전안전장치)에서 손을 놓으면 5초 후 역행이 차단된다.

나. TGIS의 열차 진입방향 표시는 제동핸들 투입과 무관하게 전후진제어기 전진 또는 후진 위치 시 나타난다.

다. VCOS는 전부운전실에서 취급해야 유효하다.

라. CCOS는 주간제어기의 운전지령 및 각종 입력신호와 C/I Gate를 연결시켜준다.

해설 가. DMS에서 손을 놓으면 5초 후 DMTR(운전자안정장치시한계전기)개로되어 비상제동이 걸림
나. TGIS는 전원공급 시 초기화 과정이 나타난다.
라. CCOS는 평소 ON위치, 주간제어기의 운전지령 및 각종 입력신호와 G.C.U를 연결시키는 작용을 한다.

6. 4호선 회생제동 제어

[회생제동 제어]

- 주회로하는데 웬 회생제동? 전기제동이 있기 때문이다.
- 전동기가 전기를 발생시키기 때문에 주회로가 가압이 되니까 회생제동 제어가 필요하다.
- 회생제동 제어는 GCU의 CPU에서 각종 지령 및 주회로 상태, 속도 등을 연산하여 인버터의 Gate를 제어함으로써 이루어진다.
- 주 전동기가 외력으로 회전하고 있는 상태(무동력 운전)일 때 회생제동을 시켜 주어야 하기 때문에 회생제동 제어가 필요하다.

예제 **다음 중 4호선 VVVF 전기동차 전차량 비상제동 체결 시 회생제동을 차단하는 계전기는?**

가. DSR2　　나. ELBR

다. BR　　라. BEAR

해설 전기제동 신호계전기(ELBR)은 비상제동시 소자되어 회생제동을 차단하고 공기제동만 작용하도록 하기 위하여 설치한 기기이다.

7. 4호선 전기제동 신호계전기(ELBR: Electric Brake Signal Relay) 여자

- ELBR은 비상제동 시 소자되어 공기제동만 작용하게 해준다.

(1) 기능: 이 계전기는 비상제동 시 소자되어 공기제동만 사용하기 위하여 설치된다.

(2) ELBR(비상 제동 아닌 상태 여자)여자 절차

- 제동핸들 1–7Step 취급 시 → 비상제동이 걸리지 않은 조건에서

◑ 103선 → BVN → BV1선 → BV(1–7Step) → ELCR: a(전기제동 제어 계전기) → ELBR의 과정으로 여자된다.

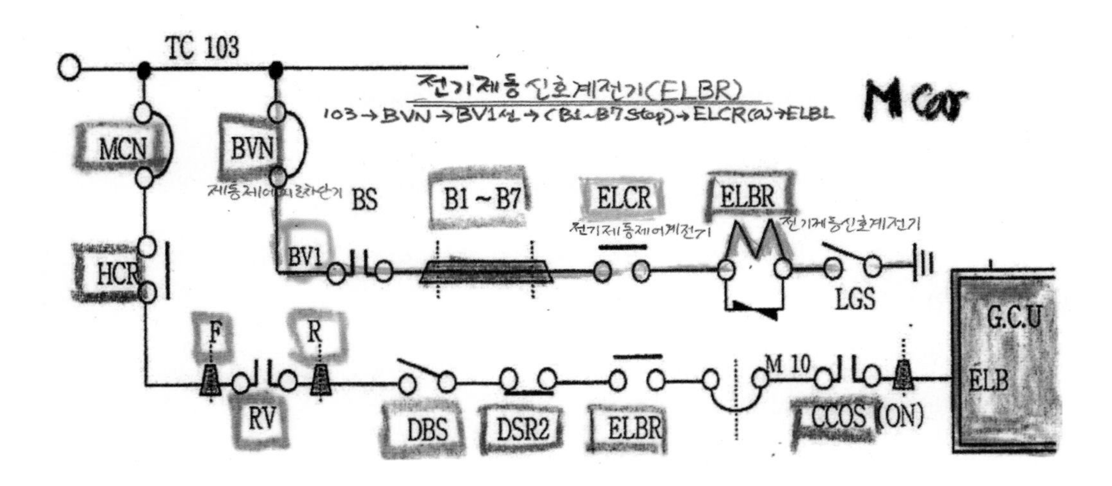

〈용어〉

- ELCR(Electric Brake Control Relay)
  안전루프 정상시 여자(비상제동이 아닌 상태)
- ELBR(Electric Brake Signal Relay)
  비상제동이 아닌 상태에서 여자
- DSR2(Dead Section Relay #2)
  절연구간에서 여자
- DSRR(Dead Section Reset Time Relay)
  절연구간에서 여자/소자 후 회로구성 60초 지연
- DFDR(Dead Section Frequency Detecting Relay)
  절연구간 여자 / 절연구간주파수검지계전기

예제 **다음 중 4호선 VVVF 전기동차의 동력운전과 관계있는 차단기로 맞는 것은?**

가. DSR2　　나. ELBR

다. DILPN　　라. CrSN

해설 4호선 VVVF 전기동차 동력운전과 관계있는 차단기는 DILPN이다.

8. 4호선 회생제동 지령선(10선) 가압

(1) ELBR(전기제동 신호계전기)여자로 부터 회생제동지령 입력까지의 절차

◑ 103선 → MCN → HCR(a) → RV(F,R) → DBS(발전제동 스위치) → DSR(b) (절연구간 여자) → ELBR(a)(비상제동 아닌 상태 여자) → 10선 → M차 → CCOS(ON)(제어회로 개방스위치) → GCU 통해 회생제동 지령이 입력

(2) 10선 가압조건

① 전·후진제어기 F·R 위치

② DBS(발전제동 스위치) ON 상태

③ 절연구간이 아닌 구간

④ 안전 루프(Loop) 정상

⑤ 제동제어기 B1~B7 위치

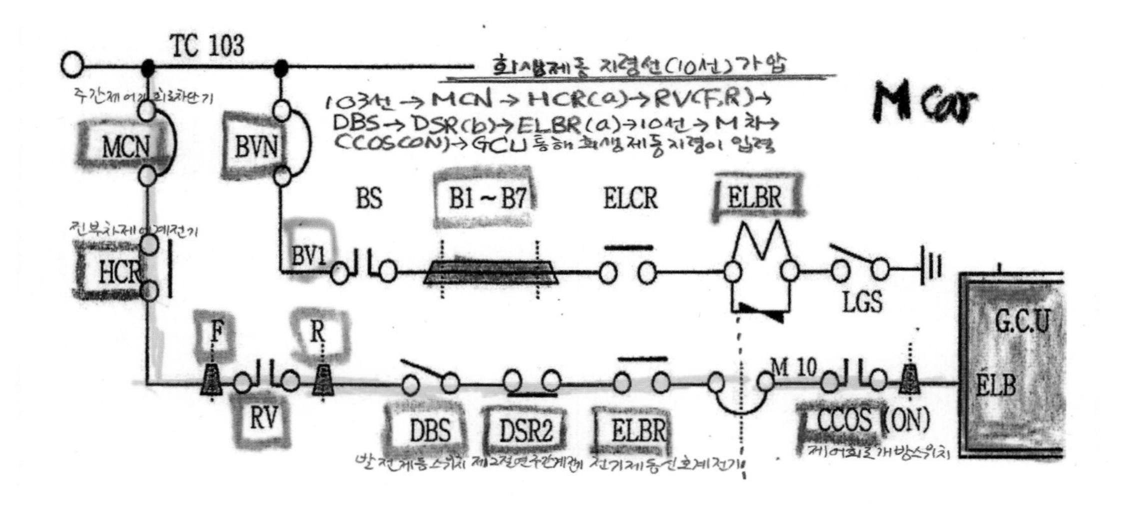

[ELCR(전기제동 제어 계전기)]

① ELCR에는 안전 LOOP회로가 구성되어 있어서 → 비상제동이 풀릴 때 → EB3선에 의해 여자

② 비상제동 체결 시 → 소자되어 → 회생제동을 OFF하고 → 공기제동만 작용하게 한다.

예제 **다음 중 4호선 VVVF 전기동차 전차량비상제동체결 시 회생제동을 차단하는 계전기는?**

가. DSR2 나. ELBR

다. BR 라. BEAR

해설 전기제동신호계전기(ELBR)은 비상제동시 소자되어 회생제동을 차단하고 공기제동만 작용하도록 하기 위하여 설치한 기기이다.

[DCR2(제2절연구간 계전기)]

① AC—DC 절연구간(선바위—남태령)

② AC—AC 절연구간 진입 시 ATS장치가 감지하면 → 여자된다.

— DCR2는 절연구간에서 회생제동을 OFF시키기 위하여 → 10선상에 설치된다.

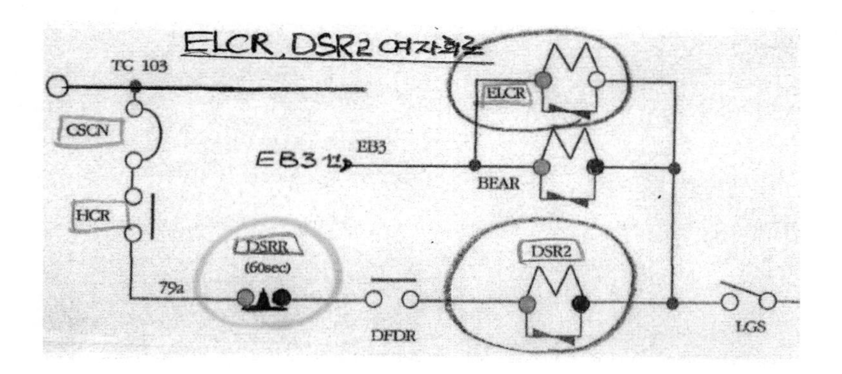

9. 4호선 제어회로의 구성 및 작용(외우자!!)

— 동력운전과 동일하게 각종 회로차단기가 투입된다.

— 직류가선에서는 HB1, 2가, 교류가선에서는 AK, K1,2가 투입

1) 직류 가선의 경우(과정: 동력운전과 동일)

① GCU(CPU)에서 HB1·2 투입지령 출력(HBR 여자) → HB1·2(LB Box에 있는) 투입
<투입조건>: 동력운전 OFF(PS OFF) (동력운전과 제동운전 같이 하면 안 되니까), LS OFF, 속도 10km/h 이상, 보호회로 정상(전기제동은 전동기가 돌아가는 타력에 의해 무

동력으로 제동력이 발생하게 된다. 너무 저속도라면 전기의 발생량도 적게 된다. 따라서 속도 10km/h 이상)

② HB1·2 투입 → 충전저항 CHRe1 통해 CF에 충전

③ HB1·2 투입 0.2초 후 LS 투입지령 출력(LSWR 여자) → LS 투입

<투입조건>: HB투입, CF 300V 이상 충전

④ GCU(CPU)에서 인버터 Gate 가동

<기동조건>: CF 900V 이상 충전, 보호회로 정상

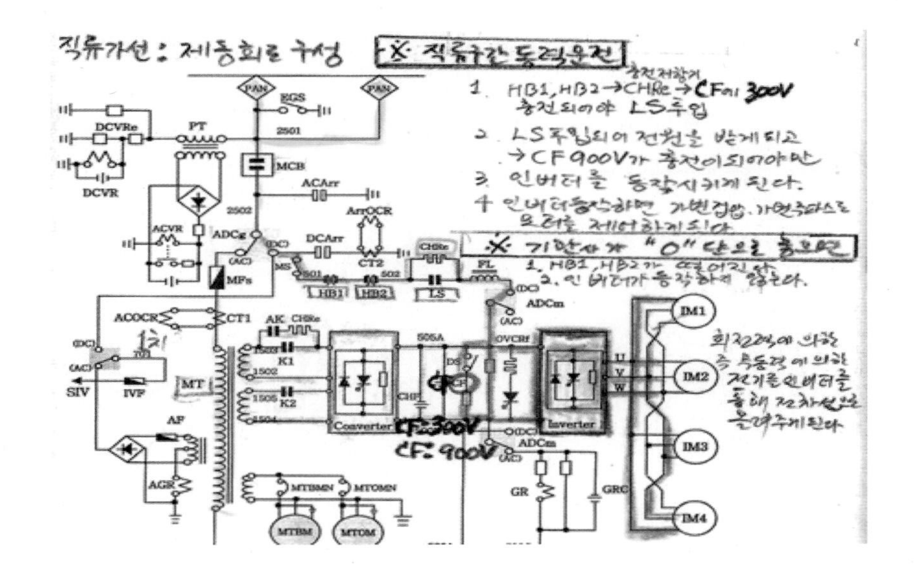

2) 교류 가선의 경우(외우자!!!)

– 동력운전과 동일하게 각종 회로차단기가 투입된다.

① GCU(CPU)에서 AK 투입지령 출력(AKR 여자) → AK 투입

② AK가 투입되면 → 충전저항 CHRe2를 통해 CF에 충전

③ AK 투입 약 0.5초 후 K1, K2을 여자시켜 → 투입지령 출력(K1R, K2R 여자) → K1, K2 투입 → AK 차단

<투입조건>: AK 투입, 보호회로 정상

④ GCU(CPU) 지령에 의해 컨버터 Gate 기동

<기동조건>: K1, K2 투입, 보호회로 정상

⑤ GCU(CPU) 지령에 의해 인버터 Gate 기동

<기동조건>: 컨버터 동작, CF에 900V 이상 충전, 보호회로 정상

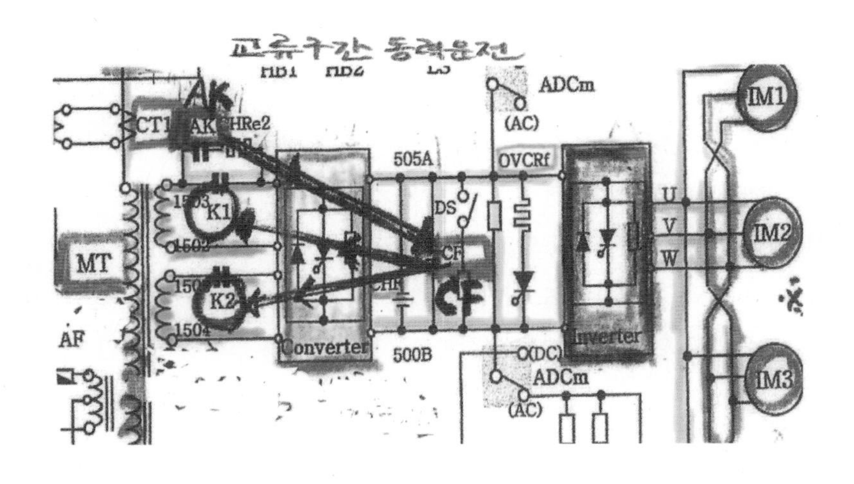

예제 **다음 중 4호선 VVVF 전기동차에 관한 설명으로 틀린 것은?**

가. CF에 900V 이상 충전되면 인버터 Gate를 기동시킨다.

나. 교류구간에서 K1, K2가 투입되면 AK는 차단된다.

다. 교류구간에서 Notch off하면 역행지령이차단되어 전압, 전류패턴을 끊고 1초 후 K1, K2가 차단되어 회로를 개방한다.

라. 직류구간에서 Notch off하면 역행지령이 차단되어 전류패턴을 끊고 1초 후 G.C.U Gate를 off 시킨다.

해설 교류구간동력운전시 Notch off시 → 동력운전지령이 무가압
–Gate제어부는 전압, 전류 pattern을 끊고 1초 후 G.C.U Gate를 off 시킨다.
–1 .5초 후 k1, k2를 차단하여 회로를 개방한다.

예제 **다음 중 4호선 VVVF 전기동차교류구간 운행 중MT 2차측에 2,500A 이상 과전류를 검지하면 G.C.U지령에 의해 여자되는 계전기는?**

가. MCBOR2　　　　**나. MCBOR1**

다. MCBR1　　　　라. LSWR

해설 Converter에 2,500A 이상 과전류시 G.C.U에 의하여 "MCBOR이 동작"되고, MCBOR연동으로 "MCBOR1이 여자하여" MCB를 사고차단한다.

3) 회생제동 작용

① 회생제동 작용 유효여부: CDR(Current Detector Relay: 전동기 전류 감지계전기) 여자되면 유효로 판단

② CDR 여자조건: 전동기에서 발전된 전류 값이 100A 이상

- 회생제동 입력 3초 경과 후: 전동기 전류가 100A 이상 발생하지 않으면 CDR 여자 불능 → 회생제동 무효로 판단

→ 인버터 Gate OFF, 공기제동으로 즉시 절환 → Power등 소등

- 회생제동 작용 중 열차 속도 약 10km/h 이하: 전기제동/공기제동 블랜딩(Blending) (전기제동이 부족 시 공기제동이 함께 들어가게 된다. 그래야 일정한 제동력을 구성 해준다.)
- 속도가 5km/h 이하: 인버터 게이트를 정지시킴과 동시에 각 회로 차단기(HB,LS, K1,2)를 OFF, 공기제동만 동작

> 회생제동 작용 중 열차 속도 약 10km/h 이하: 전기제동/공기제동 블랜딩(Blending) → (전기제동 부족 시 공기제동이 함께 들어가게 된다. 그래야 일정한 제동력을 구성해 준다.)

> ELCR(전기제동 제어 계전기)
> ① ELCR에는 안전 LOOP회로가 구성되어 있어서 → 비상제동이 풀릴 때 → EB3선에 의해 여자
> ② 비상제동 체결 시 → 소자되어
> → 회생제동을 OFF하고 → 공기제동만 작용하게 된다.

제4절 과천선 VVVF 전기동차 주회로 및 제어

1. 과천선 주회로 기기 및 작용

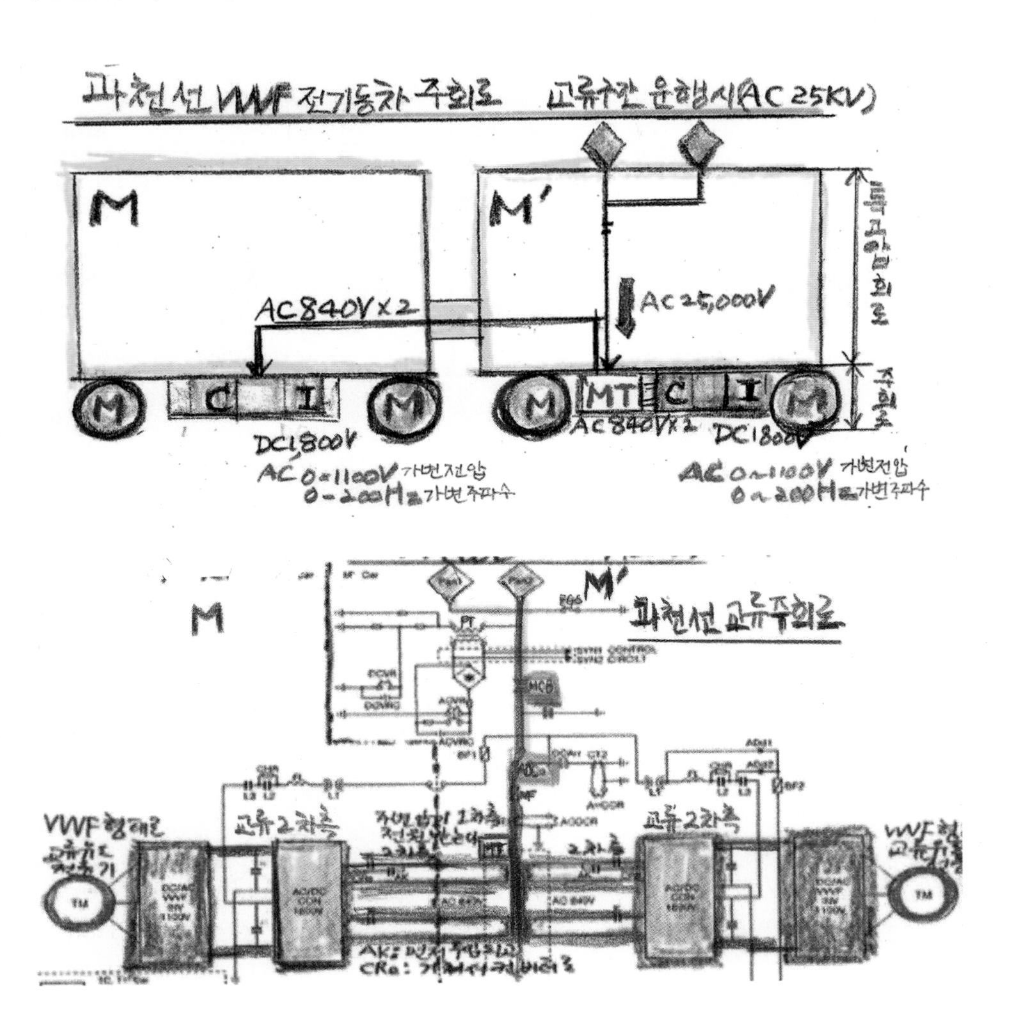

가. 과천선 교류구간운행 시

1) AK(AC보조 접촉기)

- MT(Main Transformer: 주 변압기) 2차측에 설치(LB(Line Breaker)함 내에 장착)
- 제어회로 지령(TCU 제어)에 의해서 투입되어, 전류의 흐름을 부드럽게 해주는 역할
- MT 2차측 전원을 충전저항기(CHRe2)를 통해 FC(Filter Capacitator)에 감류 충전하는 역할
- 먼저 AK가 붙고 난 다음 FC에 충전시킨 후 K(주접촉기)로 연결된다.

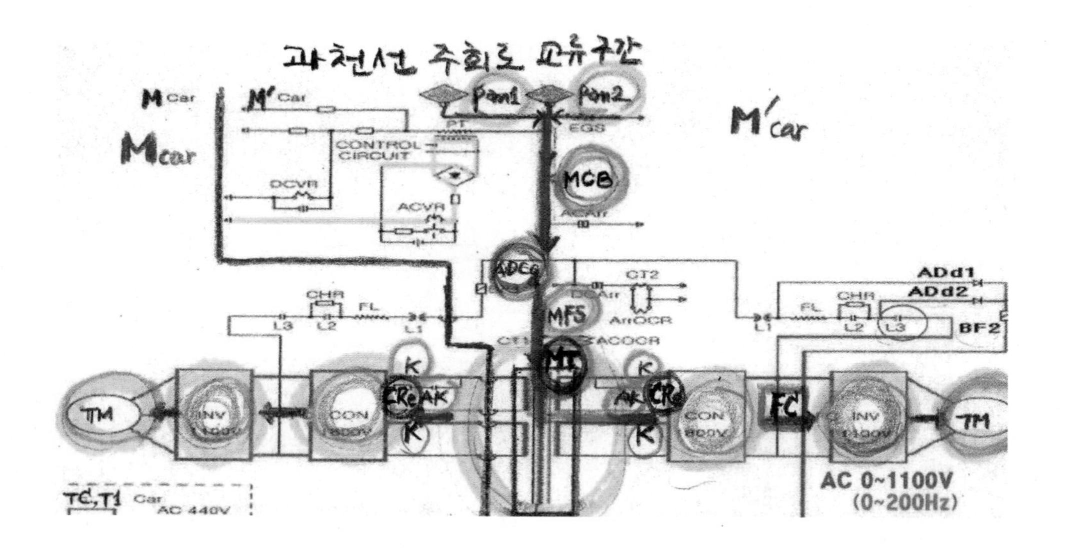

예제 다음 중 과천선 VVVF 전기동차의 FC(Filter Capacitor)를 충전하는 역할을 하는 기기는?

가. AK　　나. CHF　　다. K2　　라. K1

해설
- AC보조 접촉기(AK) LB함 내 설치
- 제어회로 지령에 따라 투입 → 전류의 흐름을 천천히 하는 역할
- MT 2차측 전원 충전저항기(CHRe2)를 거쳐 FC(Filter Capacitor)에 충전

예제 다음 중 과천선 VVVF 전기동차의 교류구간운행 시 동작되는 기기가 아닌 것은?

가. L1(고속도 차단기)　　나. FC(Filter Capacitor)

다. K(AC 접촉기)　　다. AK(AC보조접촉기)

해설 L1(고속도 차단기)는 직류(1,500V) 구간에서 동작한다.

2) K(AC접촉기)

가. 주변압기 2차측 설치, 제어회로 지령(TCU 제어)에 의해서 주회로 구성·차단

나. 동력운전 및 제동시 투입 → MT(주변압기)와 컨버터(Converter)를 연결하여 회로를 → 주회로에 전원 공급

다. 주회로 상에 고장 발생, Notch OFF 차단 → M'차 개방

라. MCB 투입 시 CF에 돌입 전류 유입을 방지

– 주회로에 고장 발생 시 M'차를 개방하는 작용

▷정격전압: AC 840V × 2 (4호선 2차측: AC 855V × 2)

▷ 정격전류: AC 600A

▷ 제어전압: DC 100V

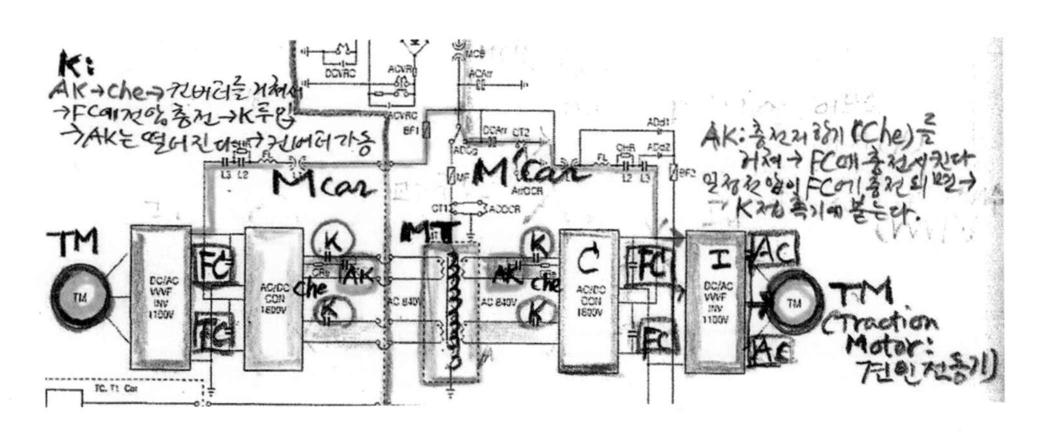

3) FC(Filter Capacitator)

가. 컨버터와 인버터 중간 직류회로 부분에 설치

나. 컨버터에서 출력되는 직류전원의 리플(Ripple: 고주파) 성분을 흡수하기 위한 기기

4) OVCRf(과전압 보호 Thyristor)

– FC 전압(컨버터와 인버터 중간 직류전압)이 설정치 이상 초과한 경우에 동작

– FC 충전된 전하가 비정상적일 때 방전하는 장치

(가) 직류 과전압 검지 시(회생전력 발생 경우)

- 기관사가 노치를 당겼을 때 뿐만 아니라 제동을 취급해도 주회로가 동작한다.
- 제동에는 공기제동뿐 아니라 전기제동도 있다. 전동기가 발전기로 바뀌어 그 동력이 전기를 발생시키게 되어 주회로에 전기를 공급한다.

- 동력을 멈추고 제동을 하게 되면 모터에 발생된 전력(회생전력)이 인버터에 전달된다. 인버터가 컨버터에 전기 공급을 한다(동력운전과 거꾸로 간다). 컨버터는 주변압기에 넣고, 주변압기 1차측을 타고 거꾸로 올라가서 Pan과 연결되어 회생 전력을 보내주게 된다.

- 만약에 전차선과 Pan 사이가 떨어져 있으면 이선 현상이 발생된다. 이선이 되어 있으면 모터에 의해 회생전력이 발생되었을 때 이 전력이 들어갈 곳이 없어지게 된다. 이 경우에 OVCRf가 작동을 해주어서 FC에 모여 있던 전기를 안전하게 방전시켜 주회로기기를 보호해준다.

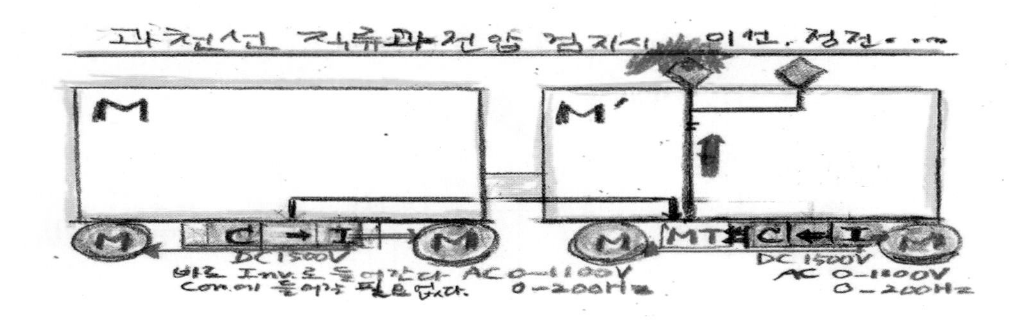

(나) Gate 전원 이상 검지 시 OVCRf 동작(GTO, IGBT 등 반도체소자에 의해 Gate가 스위칭 작업을 하면서 전력을 변환시켜준다)

- Gate 전원이 100V이하로 저하 → GTO의 스위칭이 불가능하게 되고 → ARM 단락이나 소자의 파괴 우려
- Gate 전원 저하 시에는 → 즉시 GTO Gate OFF 하고, 동시에 OVCRf 동작하여 → FC에 충전된 전하를 방전시켜 보호
- 주 회로에 과전압 또는 GTO의 오 점호 발생 시 → (회생 운전 중 전차선 단전 또는 팬터그래프 이선 시) OVCRf가 동작하여 → OVRe(과전압 저항기)를 거쳐 방전 → 주회로 기기를 보호하는 역할

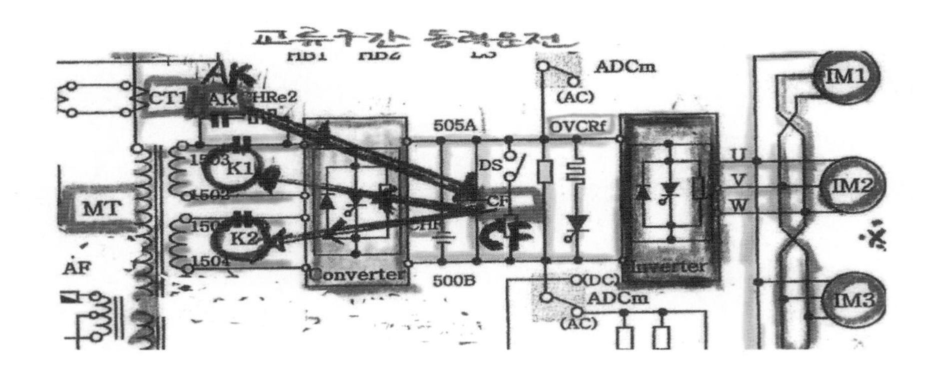

예제 다음 중 주회로에 과전압 또는 GTO 오점호 발생 시 동작하여 방전시킴으로써 주회로 기기를 보호하는 작용을 하는 기기로 맞는 것은?

가. OVCRF

나. BGR

다. OVR

라. GR

해설 〈OVCRF 의 동작 조건〉

1. 직류 과전압 검지 시
2. Gate 전원 전압 저하 시
3. 주회로에 과전압 또는 GTO 오점호 발생 시
4. 회생운전 중 팬터그래프 이선 또는 전차선 단전 시

예제 다음 중 과천선 VVVF차량의 OVCRf가 동작하는 경우가 아닌 것은?

가. 회생운전 중 전차선 단전 시

나. C/I 내에 GTO Arm 단락으로 L1 트립 시

다. 주회로에 과전압 또는 GTO 오점호 발생 시

라. 회생(운전)제동 중 팬터그래프 이선 시

해설 [과천선 OVCRf가 동작 하는 경우]

- 과전압 또는 GTO 오점호 발생시,
- 회생운전 중 전차선 단전 또는 팬터그래프 이선 시 동작
- OvRe를 거쳐 방전 하고 주회로 기기를 보호하는 작용을 한다.

5) DCHRe(방전 저항기)

- FC(Filter Capacitator)의 충전된 전하를 정상적으로 방전하는 저항기(FC와 병렬로 접속)
- FC에 병렬로 접속되어 있다.
- Pan 하강 또는 제어전원 OFF한 경우에 FC의 방전 경로를 확보해 준다.

예제 다음 중 과천선 VVVF전기동차 교류구간 운행 시 주회로 흐름으로 맞는 것은?

가. Pan－MCB－ADCg(DC)－MT－MF－L1, L2－컨버터－인버터－주전동기

나. Pan－MCB－ADCg(DC)－L1－LS－FL－컨버터－인버터－주전동기

다. Pan－MCB－ADCg(AC)－MT－MF－AK－CF－K1, K2－컨버터－인버터－주전동기

라. pan－MCB－ADCg(AC)－MF－MT－AK－CF －K1, K2－컨버터－인버터－주전동기

해설 교류구간 운행 시 주회로 흐름은 "pan－MCB－ADCg(AC)－MF－MT－AK－K1,K2－컨버터－인버터－주전동기" 이다.

예제 다음 중 과천선 VVVF차량의 교류구간에서 M'차 동력운전 시에 회로 설명으로 틀린 것은?

가. 인버터의 기동 중 역행지령: 11선 가압 → 0.1초 후 → IVN Gate신호입력 → 인버터기동

나. 컨버터의 기동: TCU → 콘버터 게이트 지령 → 기동/SIV

다. 주회로 구성: MCB 투입 → L3↑ → L2↑ → AK↑ → K↑ → AK↓ → 역행

라. 보호동작으로 재기동: MCBRS취급 → 3초후 → RSR↑ → PWM CONVERTER 정지

해설 보호동작으로 재기동은 "RS취급 → 3초후 → RSR↑ → (TCU－RST신호입력) → PWM Converter"

나. 과천선 직류구간운행 시 작용하는 주회로 기기 및 기능

– 직류구간 운행 시 작용하는 주회로 구성은 L1, L2, L3가 담당

1) L1(고속차단기: 직류구간에서 가장 중요한 기기) (4호선 차량의 HB1와 동일)

- 이 차단기는 주회로에 과전류가 흘렀을 때: 자체의 차단기구로 주 접촉부를 개방
- 과전류계전기가 동작하였을 경우: 접촉부를 개로하여 주회로를 차단하는 차단기(직류구간에서는 MCB가 사고차단의 역할을 하지 못한다. L1이 먼저 차단을 해 준 후 MCB는 개폐 역할만 한다)
- 사고차단: 투입용 전자변은 여자상태이면서, 주회로 접촉부만 차단됨
- 작동: 전자공기식 스위치에 고속 동작하는 전자석 및 차단용 로울러를 설치
- 고속차단을 위한 장치: 고속차단이 원활히 이루어지도록 전자석, 차단용 로울러가 설치되어 있고, 볼 베어링을 사용

예제 **다음 중 과천선 VVVF 전기동차 운전 중 DC구간에서 GTO Arm 단락 또는 주회로에 이상과전류 발생 시 주회로 보호를 동작하는 기기로 맞는 것은?**

가. ArrOCR	나. L3
다. L1	라. L2

해설 과천선 VVVF 전기동차 운전 중 DC구간에서 GTO Arm 단락 또는 주회로에 이상과전류 발생 시 주회로 보호를 동작하는 기기는 L1(고속차단기)이다.

[L1(고속차단기)]

- 주회로에 과전류가 흘렀을때, 자체의 차단 기구로 주접촉부 개방
- 과전류계전기 동작 시 접촉부를 개로하여 회로를 차단

[L2, L3(차단기)]

- 주회로 전류를 투입, 차단 하기 위한 접촉기
- 전자변 코일 여자 → 공기 실린더 내 압력공기 송기 → 송기된 공기압력 가동부 끌어올림 → 접촉부 폐로

[ArrOCR(과전류계전기)]

직류 → 교류로 넘어가는 순간 교직전환스위치(ADS)를 전환하지 않으면 직류피뢰기(DCArr)가 동작한 후 곧바로 과전류계전기(ArrOCR)가 동작하여 주회로차단기(MCB)를 사고차단시킴과 동시에 전차선을 단전시킨다(교류모진).

예제 다음 중 과천선 VVVF 전기동차 L1트립 시 복귀 방법으로 틀린 것은?

가. M차—C/I내 GTO Arm 단락 시: MCBOS—VCOS—RS— 3초 후—MCBCS

나. M차—C/I내 GTO Arm 단락 시: MCBOS—RS—3초 후—MCBCS

다. 주회로에 1600A 이상 과전류 시: MCBOS— RS—3초 후—MCBCS

라. M'차—C/I내 GTO Arm 단락 시: 연장급전—MCBOS—VCOS—RS—3초 후—MCBCS

해설 M차 C/I 내 GTO Arm 단락 시 조치순서는 "M차의 경우는 MCBOS—VCOS—RS—3초 후—MCBCS" 순 이다.
M'차의 경우: 연장급전—MCBOS—VCOS— RS—3초 후—MCBCS" 순이다.

예제 다음 중 과천선 VVVF 전기동차에서 L1이 트립되는 경우는?

가. 직류구간에서 주회로에 1600A 이상 과전류가 흘렀을 경우

나. 직류구간에서 주회로에 440A 이상 과전류가 흘렀을 경우

다. 직류구간에서 주회로에 2000A 이상 과전류가 흘렀을 경우

라. 직류구간에서 주회로에 840A 이상 과전류가 흘렀을 경우

해설 L1이 트립되는 경우는: "직류구간 주회로에 1600A 이상 과전류가 흘렀을 경우" 이다.

예제 **다음 중 과천선 VVVF 차량의 직류구간에서 역행(동력)제어기 취급 시 역행반응이 약 1초 후에 일어나는 이유에 관한 설명으로 틀린 것은?**

가. 직류구간에서 L3의 투입에 약 0.3초의 시간이 걸리기 때문이다.

나. L2가 투입되고 약 0.1초 후 SIV 가 기동되기 때문이다.

다. 직류구간에서 주회로 투입 순서는 L1 → L3 → L2 이다.

라. 직류구간에서 L2의 투입에 약 0.6초의 시간이 걸린다.

해설 L1이 투입되고 약 0.1초 후 Inverter(인버터)가 가동된다.

2) L2, L3 차단기

- 주회로를 개방, 연결(차단, 연결)하는 접촉기
- 전자 공기식: 전자변코일을 여자함에 따라 공기 실린더 내에 압축공기 유입(송기)하여 그 공기압력으로 투입하여 접촉부를 폐로
- L2, L3 차단기는 CIFR(C/I(주변환장치) 고장 계전기) 동작(여자) 시 개방(L2, L3는 떨어지게 된다)

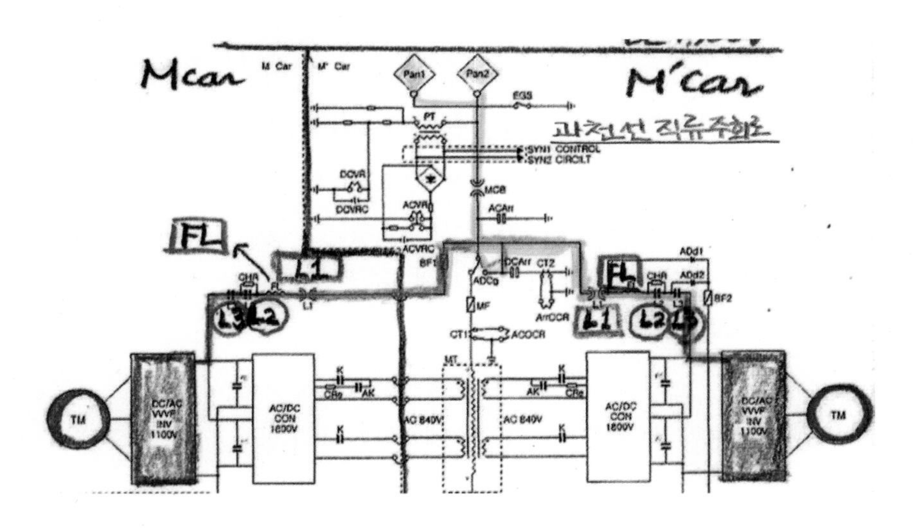

3) FL(Filter Reactor) (4호선 차량과 동일)

[기능]

① L1(고속도차단기)와 L2 차단기 사이에 직렬로 접속되어 주회로 고주파 성분 흡수(L1을 거쳐서 들어오는)

② 전차선 이상 충격전압을 흡수하여 주변환기 링크 부에 이상전압 인가 방지

- 정격전류 550A
- 정격전압 1,500V

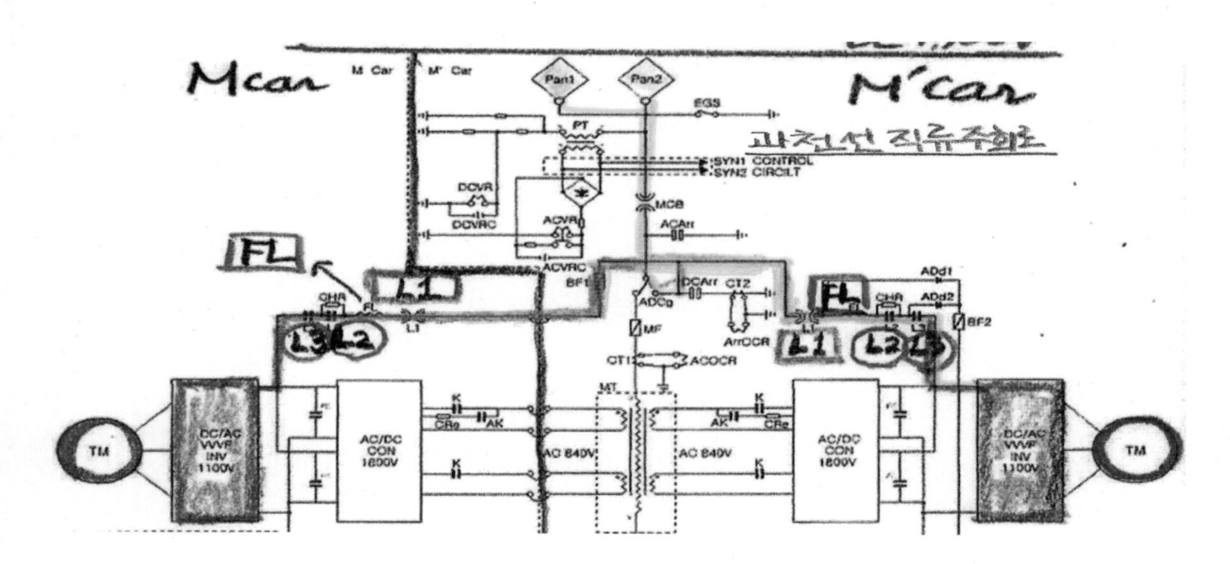

예제 **다음 중 과천선 VVVF 차량의 직류구간에서의 L1 투입에 관한 설명으로 틀린 것은?**

가. L1은 직류구간에서 투입된다.

나. L1은 MCB 투입시 자동 투입된다.

다. L1이 투입되는 순서는 MCB투입 후 → L1R → L1 투입순이다.

라. L1이 투입이 되면 SIVSR에 의해 SIV가 기동된다.

해설 주차단기(MCB)가 투입되면 “L1은 자동투입에 의해 L1R이 여자하고 SIV가 기동된다”

4) 단류기 함(Line Breaker Box)

[설치 위치]

- M차, M′ 차 언더 프레임(Under Frame) 하부에 취부(설치)되어 있다.
- 단류기 함 속에는 L1, L2, L3 등과 같은 기기들이 포함되어 있다.

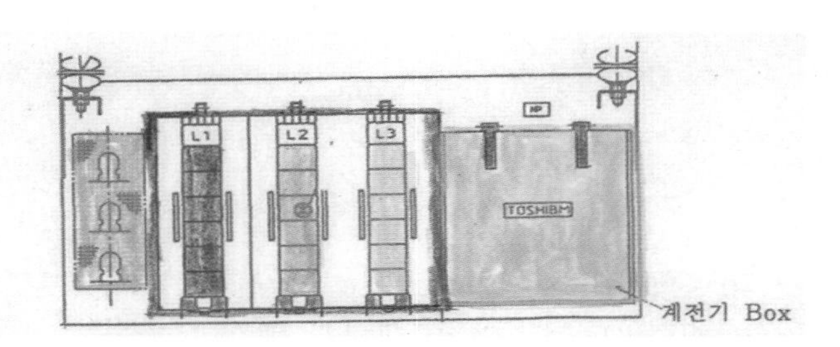

예제 **다음 중 과천선 VVVF차량의 직류구간(DC) 운행 시 전기흐름으로 맞는 것은?**

가. L1 → L2 → L3 → 인버터 → 주전동기

나. L3 → L1 → L2 → 인버터 → 주전동기

다. L3 → L2 → L1 → 인버터 → 주전동기

라. L2 → L3 → L2 → 인버터 → 주전동기

해설 과천선의 직류구간 운행시 전기흐름은 "L1 → L2 → L3 → 인버터 → 주전동기"이다.

예제 **다음 중 과천선 VVVF차량의 직류전원 수전 받아 동력운전 시 주회로 투입순서로 맞는 것은?**

가. L3 → L2 → L1 → 인버터 → 견이전동기

나. L1 → L3 → L2 → 인버터 → 견인전동기

다. L1 → L2 → L3 → 인버터 → 견인전동기

라. L3 → L1 → L2인버터 → 견인전동기

해설 과천선 VVVF은 직류전원 수전받아 운행 시 주회로 투입순서는 "L1 → L3 → L2 → 인버터 → 견인전동기" 순서이다.

예제 **다음 중 과천선 VVVF차량 직류구간 주회로 기기 및 작용으로 틀린 것은?**

가. L1: 주회로에 과전류가 흘렀을 때 주접촉부를 접촉시켜 과전류를 저항기 쪽에 방전기기를 보호하는 역할을 한다.

나. 단류기함: M, M′차측 언더 후레임 하부에 취부되어 있다.

다. FL: L1과L2 유니트 차단기 사이에서 고주파분 흡수 및 전차선 이상충격전압을 흡수한다.

라. L2, L3: 주회로 전류를 차단, 투입하기 위한 접촉기이며, 전자변 코일을 여자함에 따라서 공기 실린더 내 압력 공기를 송기하여 그 공기 압력으로 접촉부를 폐로한다.

해설 L1(고속도 차단기): 주회로 과전류가 흘러 들어왔을 때 자신의 차단기구로 주접촉부를 개방한다.
또 "과전류 계전기"가 동작시 에는 접촉부를 개로하여 회로를 차단한다.

예제 **다음 중 과천선 VVVF 전기동차 M'차에 관한 설명으로 틀린 것은?**

가. 교류구간에서 L1은 투입되지 않는다.

나. 직류구간에서 역행단 OFF시 L2, L3은 차단되고 L1은 투입을 유지한다.

다. 교류구간에서 역행단 OFF시 K, L2, L3가 차단되어 컨버터는 기동을 정지한다.

라. 직류구간에서 MCB투입 시 L1은 자동 투입된다.

해설 교류구간에서 Notch off시 L2, L3, K는 접촉상태를 유지하고 컨버터는 계속 동작한다.

2. 과천선 역행운전 제어회로

1) 과천선 역행제어회로

교류구간의 역행운전 절차

① MCB가 투입되었다는 기동신호가 과천선 차량의 TCU(4호선 차량: GCU)에 입력

② LB(Line Breaker)가 순차적으로 투입

③ Converter 투입

④ 4호선 경우 SIV가 MT 3차측 전원을 받고 SIV가 기동. 그러나 과천선은 곧바로 컨버터를 거쳐서 SIV가 기동하게 된다. 과천선 SIV는 4호선 차량과 다르게 MCB만 투입되면 역행제어기를 당기지 않아도 바로 동작한다(4호선은 역행 핸들을 당겨야 AK가 연결되고,

K1,K2가 붙어 컨버터가 동작).

⑤ 그 후 역행(출력)제어기 취급 → Inverter 가 구성(3초 후)

⑥ TM(견인전동기)에 전원을 공급

⑦ 역행 작동(시작)

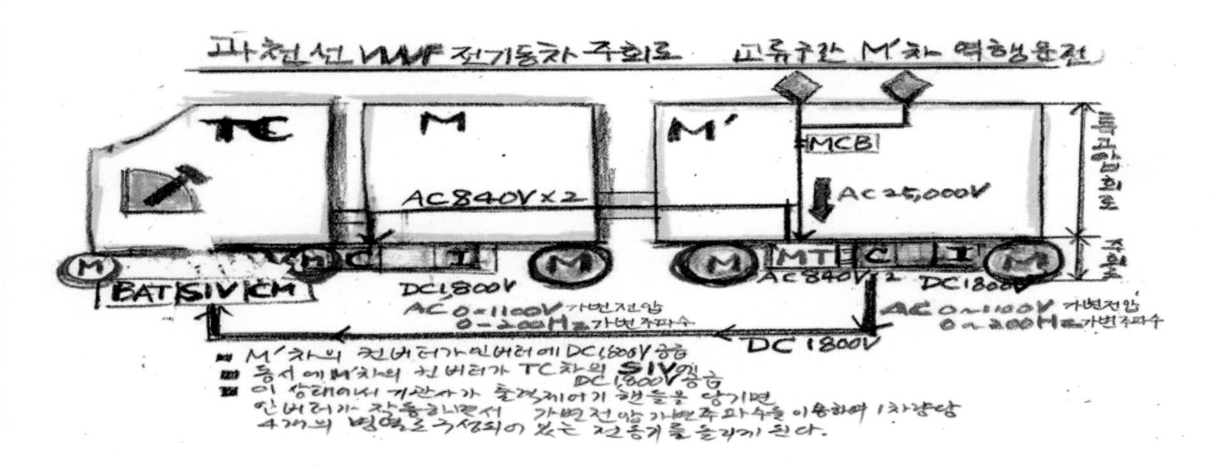

예제 **다음 중 과천선 VVF 전기동차의 교류구간 주회로 역행운전 투입순서로 맞는 것은?**

가. MCB투입－L3－L2－AK－K↑－AK↓

나. MCB차단－L3－L1－AK↑－K↑－AK↓

다. MCB투입－L1－L2－AK↑－K↑－AK↓

라. MCB차단－L3－L2－AK↑－K↑－AK↓

해설 과천선 VVVF 교류구간 주회로 투입순서는 "라. MCB차단－L3－L2－AK↑－K↑－AK↓"이다.

예제 **다음 중 과천선 VVVF차량의 교류구간에서 M'차 역행운전 시에 회로 설명으로 틀린 것은?**

가. 인버터의 기동 중 역행지령: 11선 가압 → 0.1초 후 → INV Gate신호입력 → 인버터기동

나. 컨버터의 기동: TCU → 콘버터 게이트 지령 → 기동/SIV

다. 주회로 구성: MCB 투입 → L3↑ → L2↑ → AK↑ → K↑ → AK↓ → 역행

라. 보호동작으로 재기동: MCBRS취급 → 3초후 → RSR↑ → PWM CONVERTER 정지

해설 보호동작으로 재기동은 "RS취급 → 3초 후 → RSR↑ → (TCU－RST신호입력) → PWM CONVETER"

예제 **다음 중 과천선 VVVF 전기동차가 교류구간 운행시 특고압 및 주회로 전원의 흐름으로 올바른 것은?**

가. Pan—ADCg(AC)—MCB—MT—ADCg—IM

나. Pan—MCB—ADCg(DC)—MFs—C/I—MT—IM

다. Pan—EGS—MCB— C/I—ADCg(AC)—IM

라. Pan—MCB— ADCg(AC)—MFs—MT—C/I—IM

해설 과천선 교류
Pan—MCB— ADCg(AC)—MFs—MT -C/I—IM

예제 **다음 중 과천선 VVVF전기동차 교류구간 운행 시 주회로 흐름으로 맞는 것은?**

가. Pan—MCB—ADCg(DC)—MT—MF—L1, L2—컨버터—인버터—주전동기

나. Pan—MCB—ADCg(DC)—L1—LS—FL—컨버터—인버터—주전동기

다. Pan—MCB—ADCg(AC)—MT—MF—AK—CF—K1, K2—컨버터—인버터—주전동기

라. pan—MCB—ADCg(AC)—MF—MT—AK—CF —K1, K2—컨버터—인버터—주전동기

해설 교류구간 운행 시 주회로 흐름은 "Pan—MCB—ADCg(AC)—MF—MT—AK—K1,K2—컨버터—인버터—주전동기"이다.

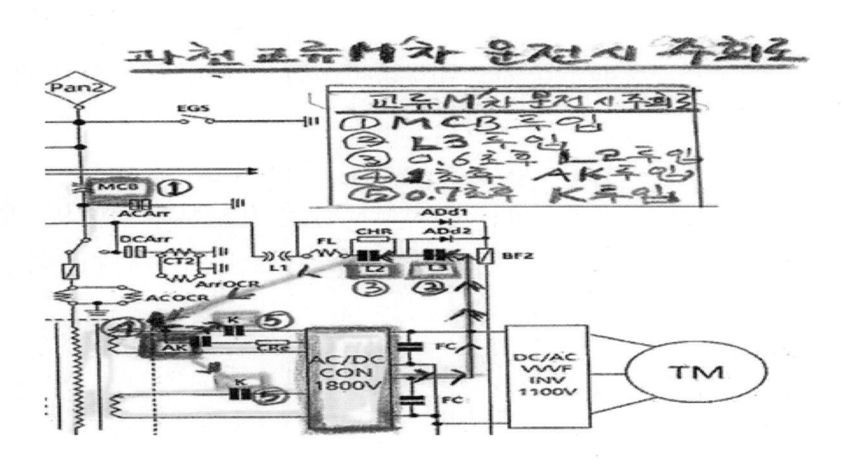

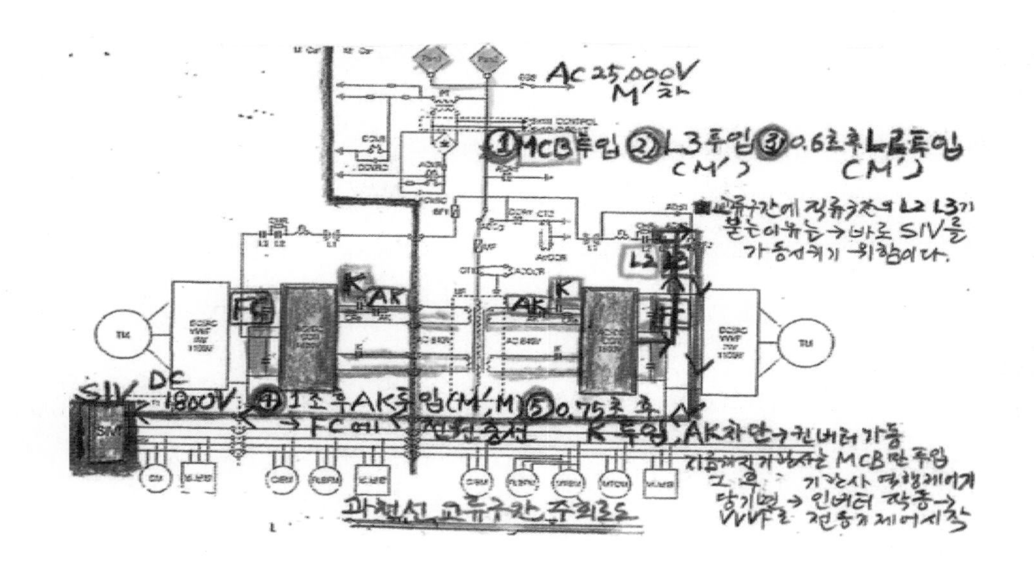

[컨버터(Converter)의 기동]

<컨버터(Converter)의 기동 절차>

① 접촉기가 투입되고 주회로가 구성되면

② TCU에 의해 Gate에 지령이 주어지고

③ 컨버터가 기동함과 동시에

④ SIV(보조전원장치)에도 기동지령이 주어진다.

◑ M'차: 【C/I Box [(TCU-SIVST)-41j-계전기반(SIVSR)] → 100a
103 → (AMCN) → 114a → (SIVSR) → M차 114b → TC차114b(SIV기동)】

예제 **다음 중 과천선 VVVF차량 C/I에 관한 설명으로 틀린 것은?**

가. 인버터는 직류를 교류로 변환시키는 장치로 1개의 인버터로 구성되어 있다.

나. 컨버터는 교류를 직류로 변환시키는 장치로 2개의 컨버터가 병렬로 접속되어 있다.

다. 컨버터의 출력전압은 DC1,650V이다.

라. 컨버터는 직류구간에서는 가동할 필요가 없다.

해설 과천선 VVVF 전동차 컨버터의 출력전압은 "DC 1,800V"이다.

예제 **다음 중 4호선 VVVF 전기동차의 C/I 장치에 관한 설명으로 틀린 것은?**

가. 인버터의 동력운전 및 회생제동 절환은 슬립주파수를 제어하여 이루어진다.

나. 컨버터는 단상 전압형 PWM 제어방식으로 2개를 병렬로 접속시킨 구조이다.

다. 교류구간에서 인버터의 최고 출력전압은 AC 3상 1,100V이다.

라. 컨버터는 AC와DC의 전류를 변화시키는 장치로 직류구간에서는 가동되지 않는다.

해설 4호선 VVF 전기동차

AC구간 운전(입력): DC1,650V → (출력)AC 3상 0~1,250V

DC구간 운전(입력): DC1,500V → (출력)AC 3상 0~1,100V

예제 **다음 중 과천선 VVVF 전기동차 M′차 C/I GTO Arm 단락 시 조치 방법으로 맞는 것은?**

가. 연장급전 후 와전부동취급

나. MCBOS—VCOS—RS—3초 후—MCBCS

다. 연장급전—MCBOS—VCOS—RS —3초후—MCBSC

라. MCOBOS—MCBCS—3초 후—RS

해설 과천선 VVVF 전기동차 M'차의 C/I 재차 고장 시 조치 순서는 "연장급전-MCBOS-VCOS-RS-3초후-MCBCS 취급" 순서이다.

예제 **다음 중 과천선 VVVF 차량 교류구간 주회로 기기 및 작용에 관한 설명으로 틀린 것은?**

가. K1, K2: MT와 컨버터를 연결하는 작용을 한다.

나. AK: 컨버터에 입력되는 전류의 흐름을 천천히 하며 FC에 충전하는 역할을 한다.

다. FC: 컨버터와 인버터의 중간에 설치되어 컨버터의 출력 및 교류가선의 파형을 일정하게 유지시키는 역할을 한다.

라. OVCRF: FC전압의 설정치를 초과한 경우 동작하고, FC전하를 비정상적 방전하는 장치이다.

해설 FC: 컨버터와 인버터 중간 "직류부분에 설치" 되어 있고, 컨버터 출력 및 직류가선의 리플성분을 흡수하기 위한 기기이다.

예제 **다음 중 과천선 VVVF 차량 인버터의 작용으로 틀린 것은?**

가. 차륜 헛돌기 및 미끄럼 발생시 동력과 제동력을 조절하는 기능

나. 회생제동시 전압, 전류, 주파수(Slip)를 제어하여 조절하는 기능

다. 동력운전 시 전압, 전류, 주파수(Slip)를 제어하여 속도를 조절하는 기능

라. 출력전압은 단상 AC1,100V를 출력한다.

해설 출력전압은 3상 AC1,100V를 출력한다.

예제 **다음 중 과천선 VVVF 전기동차로 교류구간 운행 시 동작되는 기기가 아닌 것은?**

가. L1(고속도 차단기)

나. FC(Filter Capacitor)

다. K(AC 접촉기)

다. AK(AC보조접촉기)

해설 L1(고속도 차단기)는 직류(1,500V) 구간에서 동작한다.

예제 **다음 중 다음은 과천선 VVVF차량 역행 불능일 때 확인사항이 아닌 것은?**

가. 전체 출입문의 완전 폐문 여부

나. 회로차단기 MCN, HCRN 투입여부

다. 전부운전실 주차제동 완해위치 여부

라. CPRS(강제 완해 스위치) 취급 여부

해설 [과천선 VVVF차량 역행 불능 상태 확인사항]

① 전, 후진제어기 전, 후진 위치 확인
② MCB 투입 및 DOOR등 점등 확인
③ 제동제어기 완해위치에서 2~3초 간 역행 취급
④ ATS, ATC 관련회로 차단기 확인
⑤ ATOCCOS 취급(ATS, ATC 포함)
⑥ 후부운전실에서 취급 (1량 역행 불능 시 구동차 CN1, CN3 확인)

예제 다음 중 과천선 VVVF차량의 M'차 교류구간에서 컨버터 관련 주회로 투입순서로 틀린 것은?

가. MCB 투입하면 TCU의 MCBAR 신호가 투입되어 MCB 투입되었음을 나타낸다.

나. 컨버터 GATE 지령이 주어지면 SIVSR에 의해 SIV에도 기동지령이 주어진다.

다. TCU의 L3가 투입되는 순서는 L3R → L3 → L3A 순이다.

라. SIV는 701선 컨버터 전원 DC1,800V, AMCN(114b선), IVCN(115선)에 의해 전원이 모두 입력되면 기동이 가능하다.

해설 MCBAR의 코일이 무여자 되고 TCU에서 MCB 차단을 나타내는 신호(MCBA)가 없어진다.

2) 직류구간의 역행운전

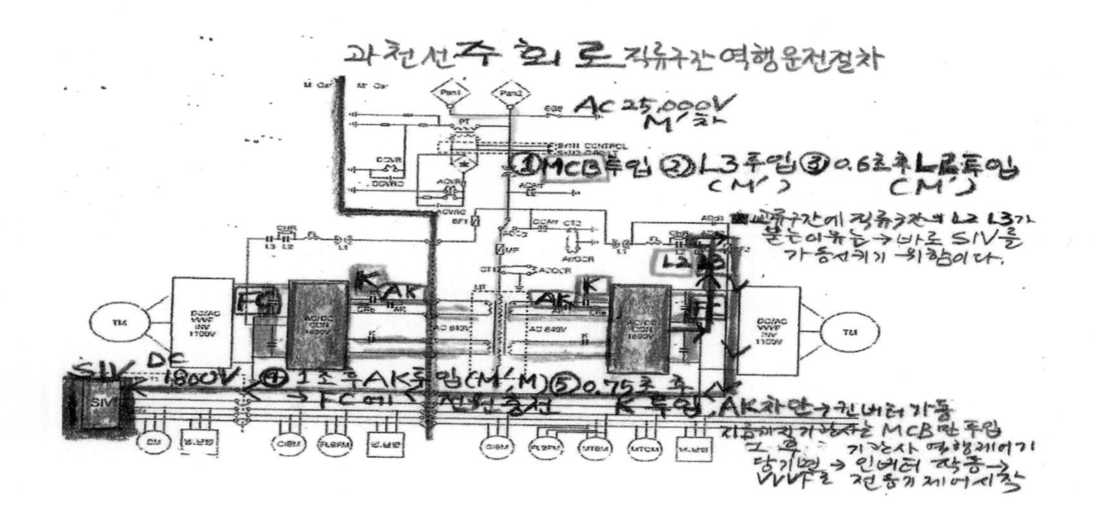

예제 **다음 중 과천선 VVVF 전기동차에 관한 설명 중 맞는 것은?**

가. 교류구간 M'차 보호회로 동작 시 C/I정지, SIV 정지 K, L1, L2, L3가 차단한다.

나. 주공기압력 6Kg/cm^2 미만 시 EBCOS 취급하면 전 차량 동력운전 가능하다.

다. MTAR 여자시 VCOS 취급하면 MCB 재투입 가능하다.

라. 직류구간에서는 L1-L3-L2순으로 차단기 투입된다.

해설 직류구간에서는 L1 – L3 -L2 순으로 차단기가 투입된다.

예제 **다음 중 과천선 VVVF 전기동차 운전 중 DC구간에서 GTO Arm 단락 또는 주회로에 이상 과전류 발생 시 주회로 보호를 동작하는 기기로 맞는 것은?**

가. ArrOCR

나. L3

다. L1

라. L2

해설 과천선 VVVF 전기동차 운전 중 DC구간에서 GTO Arm 단락 또는 주회로에 이상과전류 발생 시 주회로 보호를 동작하는 기기는 L1(고속차단기)이다.

[L1(고속차단기)]

(1) 주회로에 과전류가 흘렀을때, 자신의 차단 기구로 주접촉부 개방

(2) 과전류계전기 동작 시 접촉부를 개로하여 회로를 차단

[L2, L3(차단기)]

(1) 주회로 전류를 투입, 차단하기 위한 접촉기

(2) 전자변 코일 여자 → 공기 실린더 내 압력공기 송기 → 송기된 공기압력 가동부 끌어 올림 → 접촉부 폐로

[ArrOCR(과전류계전기]

직류 → 교류로 넘어가는 순간 교직전환스위치(ADS)를 전환하지 않으면 직류피뢰기(DCArr)가 동작한 후 과전류계전기(ArrOCR)이 동작하여 주회로차단기(MCB)를 사고차단시킴과 동시에 전차선을 단전시킨다(교류모진).

[과천선 전동차 SIV 기동 조건(신호)]

▣ 다음 3가지 조건이 정상일 때 기동 가능

[1개 조건이라도 비정상일 때 SIV 정지]

① 주회로 전원 공급: 컨버터 전원 DC 1,800V(L3를 통해 DC1,800V)
(직류구간, 전차선 전원 DC 1,500V: 직류구간에서 동작하지 않고, 직류전기가 인버터와 SIV에 들어간다)

② 기동 신호 입력: 103선 → AMCN ON → 114b선 가압(DC100V)

③ SIV(인버터) 제어전원 공급: 103선 → IVCN ON → 115선 가압(DV100V)

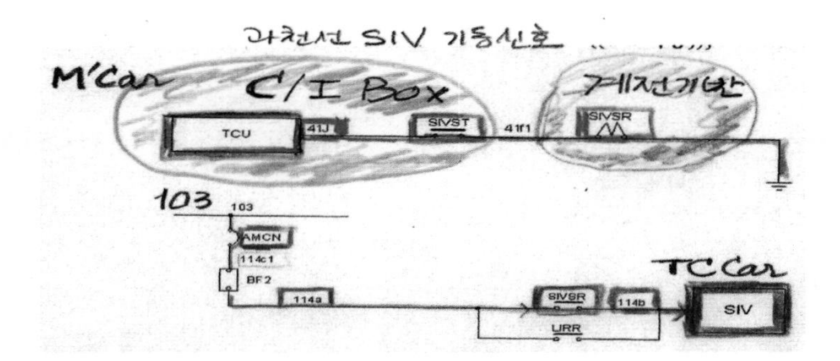

〈용어〉

- AMCN(Auxiliary Machine Control): 보조기기 제어회로 차단기
- IVCN(NFB for Inverter Control): 인버터 제어회로 차단기
- SIVK(Staric Inverter Contractor): 보조전원장치 접촉기
- SIVSR(SIV Starting Relay): 보조전원장치 기동 계전기
- TCU(Traction Control Unit): 견인 제어 유니트

[인버터(Inverter)의 기동]

(1) 전진후진지령(4, 5선 가압)

[주간제어기의 핸들지령]

① 회로차단기 ON: MCN ON, HCRN ON

② 핸들을 전진 또는 후진의 위치로 설정

③ 4선 또는 5선의 가압

④ TCU에 전진 또는 후진의 지령 전달

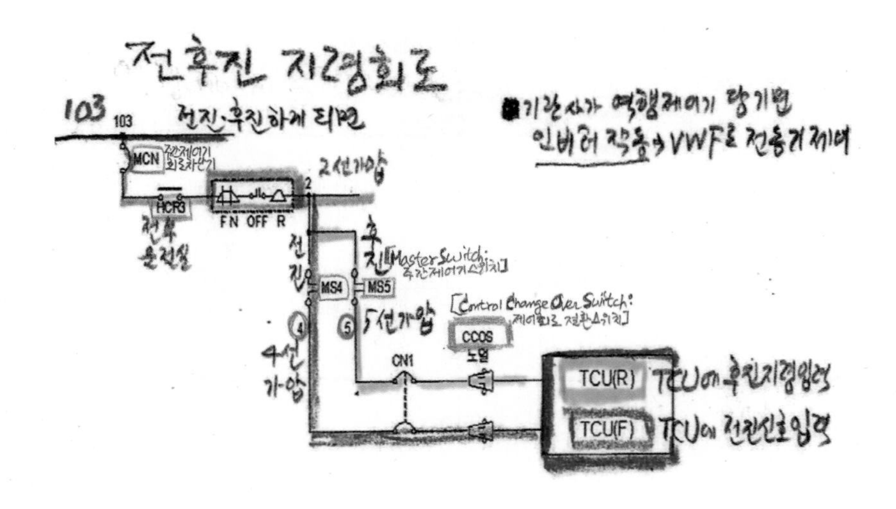

(2) 역행단 입력 조작

[역행단 입력 조작 절차]

① 주제어기의 역행핸들을 P1–P4단으로 설정

② 11선이 가압되고, 역행지령이 주어짐

③ 역행지령 0.3초 후 → TCU는 인버터 게이트(Gate)에 지령을 주어 인버터 가동

④ TCU는 각 외부의 입력조건(응하중, 단 속도)에 의해 제어 실행

– 즉 TC차의 Encoder출력과 열차속도, 차량하중에 대응한 인장력이 되도록 인버터의 출력 전압, 전류, 주파수를 결정하고 인버터의 출력전압과 주파수를 제어하여 유도전동기 구동한다.

예제 **다음 중 과천선 VVVF 전기동차의 주변환기 중고장으로 MCBOR이 동작하는 경우에 해당되지 않는 것은?**

가. 2차 과전류 나. GTO Arm 단락 시 다. 2차 접지 라. 2차 과부하

해설 [주변환기 중고장 원인으로 MCBOR이 동작하는 경우] GTO Arm 단락, 2차 접지, 2차 과부하

예제 **다음 중 과천선 VVVF 전기동차에 관한 설명으로 맞는 것은?**

가. 직류구간 운행중 GTO Arm 단락 시 MCBOR이 소자된다.

나. 교류구간에서는 MCB 투입과 동시에 SIV 기동이 이루어진다.

다. 교류구간 운행중 M차 C/I 고장 시 K, L2, L3가 차단된다.

라. 직류구간 운행중 MCB 투입과 동시에 L1이 투입된다.

해설 가. 직류구간 운전중 GTO Arm 단락 시 L1이 트립되어 해당 유니트 차단
나. 교류구간에서 MCB 투입하면 SIV기동은 멈춘다.
다. 교류구간 운행 중 M차 C/I 고장 시 "연장급전"을 취급해야 한다.

예제 **다음 중 과천선 VVVF차량 M'차 C/I 고장 후 재차 복귀불능 시 올바른 조치방법은?**

가. MCBOS → VCOS → RS → 3초 후 → MCBCS

나. 연장급전 후 → MCBOS → VCOS → RS → 3초 후 → MCBCS

다. MCVOS → RS → TEST → MCBCS

라. MCBOS → RS → VCOS → 3초 후 → MCBCS

해설 M'차 C/I 고장 후 복귀불능 시 "연장급전"을 해야 한다.
"연장급전 → MCBOS → VCOS → RS → 3초 후 → MCBCS" 순으로 조치한다.

예제 **다음 중 과천선 VVVF 전기동차에 관한 설명으로 맞는 것은?**

가. 최초기동 시 TEST 스위치 취급하면 어떠한 현상도 없다.

나. 후부 TC차 PLPN 차단 시 MCB는 양소등되나 출력은 정상으로 POWER등 점등이 가능하다.

다. 주변환기 고장 시 VCOS 취급하면 VCO등이 점등되며 Fault등 및 차측등이 소등된다.

라. 직류구간에서 일부차량 GTO Arm 단락 시 MCBOR소자로 MCB양소등 및 Fault등이 점등된다.

해설 나. 후부 TC차 PLPN 차단 시 "역행 및 회생제동 시에도 POWER등 점등 불능" "MCB ON등 점등 불능, MCB OFF등 점등 불능" 된다.
라. 직류구간 "GTO Arm 단락 시" 고속도 차단기 "L1을 Trip하여 해당 유니트 차단"

예제 **다음 중 다음은 과천선 VVVF차량 역행 불능일 때 확인사항이 아닌 것은?**

가. 전체 출입문의 완전 폐문 여부

나. 회로차단기 MCN, HCRN 투입여부

다. 전부운전실 주차제동 완해위치 여부

라. CPRS(강제 완해 스위치) 취급 여부

해설 [과천선 VVVF차량 역행 불능 상태 확인사항]

① 전, 후진제어기 전, 후진 위치 확인
② MCB 투입 및 DOOR등 점등 확인
③ 제동제어기 완해위치에서 2~3초 간 역행 취급
④ ATS, ATC 관련회로 차단기 확인
⑤ ATOCCOS 취급(ATS, ATC 포함)
⑥ 후부운전실에서 취급 (1량 역행 불능 시 구동차 CN1, CN3 확인)

[과천선VVVF 11선 가압조건]

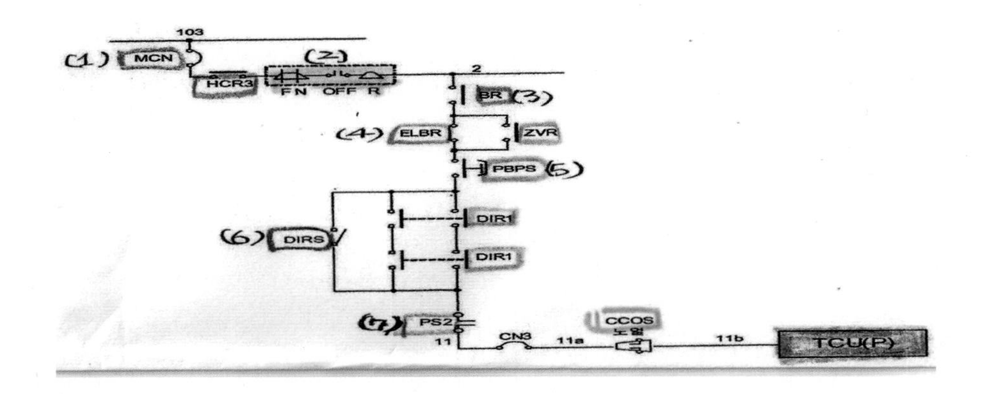

① 회로차단기 MCN, HCRN ON (이 차단기들이 투입되어 있지 않다면 회로 자체가 구성되지 않는다)

② 역전기(전·후진제어기) F·N·R 위치(역전기가 OFF위치에 있다면 지령을 못 받는다)

③ 비상(안전) Loop 구성(모든 차량에 대해 루프회로를 구성해서 모든 조건들이 맞으면 여자된다(상시여자: 비상제동이 안 걸려 있는 상황).

– 하나라도 조건이 맞지 않으면 루프회로가 전기적으로 구성되지 않고(무여자) 비상제

동 체결된다.

– ATC(차상신호장치)장치 정상 및 지시속도 초과하지 않는 상태
  (지시속도 초과하면 제동이 들어가는 상태인데 역행회로가 같이 들어갈 수 없다)

④ 제동핸들 완해 위치(ELBR 소자), 정차 중 예외(ZVR)

– 구배구간에 정차해 있다가(제동 취급 중) 출발하려 할 때 롤백현상을 방지하기 위하여 제동이 3~4단 들어가 있어도 역행(동력)운전이 가능하게 한다.

– 요즘은 정차제동시스템이라 제동핸들이 “0”단이라도 자동으로 제동을 취급하게 된다.

⑤ 주차제동 풀림 상태(주공기압력 6~7kg/cm^2) (공기는 제동취급을 가능하게 한다)

⑥ 모든 출입문 닫힘 상태(비연동운전(DIRS)(출입문회로와 동력회로를 끊은 상태) 취급 시 예외(역감시자도 태워야 되고, 승객하차시키고, 관제실 지령 받아야 한다))

⑦ 역행핸들(PS) P1~P4단 위치(PS2)

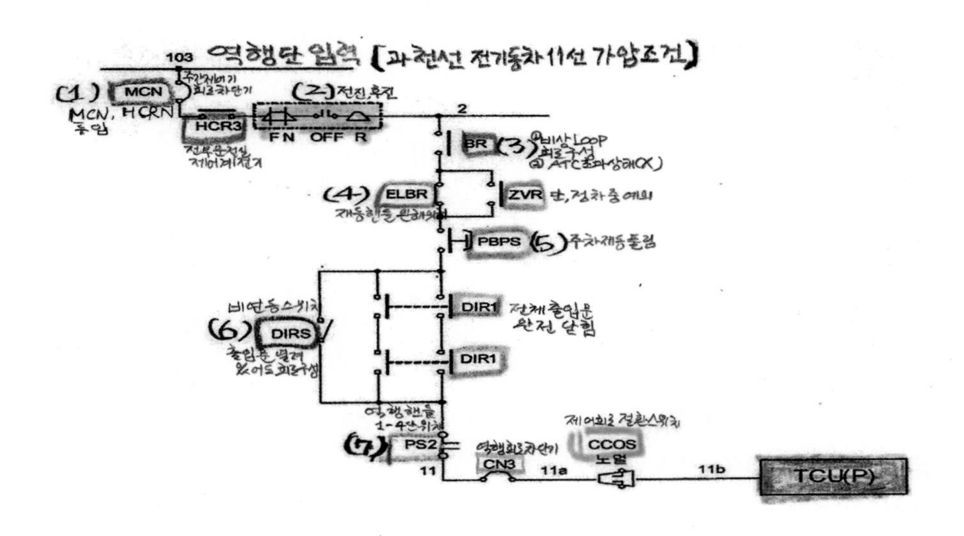

[과천선 VCOS 취급시기(MBC경우)]

M (MTAR)

B (BMFR)

C (CIFR)

예제 **다음 중 과천선 VVVF 전기동차 11선 가압 구성에 관한 내용으로 틀린 것은?**

가. 1개 출입문 닫힘 불량으로 DIRS ON취급

나. 주공기압력 7Kg/cm^2 이상으로 주차제동 완해 시

다. 역행핸들 OFF시

라. 역전핸들 후진위치

해설 역행핸들 OFF시 역행회로 구성은 되지 않는다.

[과천선 11선 가압 구성 조건]

① 회로차단기 MCN, HCRN 투입

② 역전기(전후진제어기) 전진 혹은 후진에 있을 것

③ 비상루프회로 구성 및 ATC장치 정상 및 속도초과 상태가 아닐 것(BR)

④ 제동핸들 완해위치(ELBR), 단 정차 중에는 예외(ZVR)

⑤ 주차제동 풀림상태 및 주공기압력 6~7Kg/cm^2 이상(PBPS)

⑥ 전체 출입문 완전 폐문(DIR1) 또는 비연동 운전(DIRS)

⑦ 역행 핸들 1~4단 위치

예제 **다음 중 과천선 VVVF 차량의 역행회로가 구성되는 경우가 아닌 것은?**

가. 회로차단기 HCRN, MCB가 투입되어 있을 것

나. 전체 출입문이 완전히 폐문되어 있을 것

다. 비상루프회로가 구성되어 있을 것

라. CN2가 투입되어 있을 것

해설 11선(역행지령선)이 가압되는 조건과 'CN2의 투입여부는' 무관하다.

예제 **다음 중 과천선 VVVF 전기동차에 관한 설명으로 맞는 것은?**

가. ZVR 소자 시 동력운전이 불가능하다.

나. 후부 주차제동 체결 시 동력운전이 불가능하다.

다. MR압력 6.0Kg/cm^2 이하로 비상제동 체결 시 EBCOS 취급하면 비상제동이 풀리고 동력운전이 가능하다.

라. 후부 TC차 PLPN 차단 시 POWER등 점등불능이나 동력운전과는 무관하다.

해설 가. ZVR은 과천선 VVVF차량 CrS(DOS)로 출입문을 개방할 수 있는 조건이다.
나. 주차제동스위치는 "주차위치에서는" 주차제동통의 압력을 스위치 배기구를 통하여 대기로 배출시키며, "완해위치에서는" 주공기 내의 압력공기를 주차제동통으로 공급하는 작용을 한다.
다. MR압력 6.0Kg/cm2 이하가 될 경우 "주차제동 공기압력 스위치" 취급

예제 **다음 중 과천선 VVVF 전기동차에 VCOS 취급시기가 아닌 것은?**

가. BMFR 여자시

나. CIFR 여자시

다. MCBOR 여자시

라. MTAR 여자시

해설 〈VCOS 취급시기〉
"CIFR 여자시, BMFR 여자 시, MTAR 여자 시

예제 **다음 중 다음은 과천선 VVVF차량 역행 불능일 때 확인사항이 아닌 것은?**

가. 전체 출입문의 완전 폐문 여부

나. 회로차단기 MCN, HCRN 투입여부

다. 전부운전실 주차제동 완해위치 여부

라. CPRS(강제 완해 스위치) 취급 여부

해설 [과천선 VVVF차량 역행 불능 상태 확인사항]
① 전, 후진제어기 전, 후진 위치 확인
② MCB 투입 및 DOOR등 점등 확인
③ 제동제어기 완해위치에서 2~3초 간 역행 취급
④ ATS, ATC 관련회로 차단기 확인
⑤ ATOCCOS 취급(ATS, ATC 포함)
⑥ 후부운전실에서 취급 (1량 역행 불능 시 구동차 CN1, CN3 확인)

예제 **다음 중 과천선 VVVF 전기동차Converter에 관한 설명으로 틀린 것은?**

가. 동력운전시 주변압기 2차측 권선에서 나온 AC840V를 DCl1,800V로 변환시켜 Inverter로 공급해 주는 작용을 한다.

나. 주변압기와Inverter 사이에 설치된 전력변환장치이다.

다. 회생제동 시에는 유도전동기에서 발생한 DC1,800V를 레일을 통해 방전시킨다.

라. 직류구간에서는 가동할 필요가 없다.

해설 회생제동 시에는 유도전동기에서 발생한 DC1,880 또는 DC1,650를 교류로 변환시켜 주변압기에 보내는 작용을 한다.

〈용어〉

- BR(Braek Relay): 제동 계전기
- CCOS(Control Change Over Switch): 제어회로 절환 스위치
- CN3(NFB for Powering): 역행 회로차단기
- DIR(Door Interlock Relay): 출입문 연동계전기
- DIRS(Door Interlock Relay Switch): 출입문 비연동 계전기 스위치
- PS(Power Switch): 역행 스위치

[역행단 OFF]

▶ 역행단 OFF 절차

① 역행핸들(PS) OFF

② 1초 후에 인버터 Gate OFF

③ 각 접촉기 투입상태 유지, 컨버터는 그대로 계속 동작(M'차의 컨버터 전원이 SIV전원으로 입력해 주기 때문이다)

④ 과천선 VVVF 전기동차의 교류구간 컨버터를 통해 SIV 전원 공급하므로 컨버터는 투입상태 유지(과천선 VVVF 전기동차의 경우)

예제 **다음 중 과천선 VVVF차량 AC구간에서 역행 시 역행단을 OFF한 경우 M'차의 상황이 아닌 것은?**

가. K, AK: 투입
나. 컨버터: 운전 중
다. L2, L3: 투입
라. SIV: 운전 중

해설 과천선 VVVF 역행단 OFF시 AK는 개방되어 있는 상태이다.

예제 **다음 중 과천선 VVVF차량 VCOS 취급 후 현상으로 맞는 것은?**

가. MTAR 여자시 VCOS 취급하면 FAULT등 소등, UCO등 소등된다.

나. CIFR, BMFR 여자시 VCOS 취급하면 FAULT등 소등, VCO등 소등된다.

다. 고장차량의 경우 L3, L2 투입불능 및 AK, K가 개방된다.

라. 고장나지 않고 정지된 차량의 경우 MCB가 차단된다.

해설 가. MTAR 여자시 VCOS 취급하면 FAULT등 "소등", UCO등 "점등"
나. CIFR, BMFR 여자시 VCOS 취급하면 FAULT등 "소등", VCO "점등"
라. 고장나지 않고 정차된 차량의 경우 "MCB 재투입"

예제 **다음 중 과천선 VVVF 전기동차에 VCOS 취급시기가 아닌 것은?**

가. BMFR 여자시
나. CIFR 여자시
다. MCBOR 여자시
라. MTAR 여자시

해설 〈VCOS 취급시기〉
"CIFR 여자시, BMFR 여자 시, MTAR 여자 시"

예제 **다음 중 과천선 VVVF차량의 회생제동이 동작하지 않는 경우가 아닌 것은?**

가. 절연구간진입 시 나. 가선전압급변 시

다. OVCRF 차단 시 라. 팬터그래프이선 시

해설 과천선 VVVF차량의 회생제동은

① 절연구간진입 시

② 가선전압급변 시

③ 팬터그래프이선 시 OVCRF가 동작하여 회생제동을 차단한다.

(3) 보호동작과 재기동

(1) 보호동작

– 주회로 쪽에 문제가 생겼을 경우 그때 접촉기를 떨어트려 주는 보호동작

▶ 보호동작 순서

제어동작 이상 등으로 보호동작이 행하여진 경우 TCU는

① TCU가 이상 검지

② 컨버터, 인버터 Gate OFF SIV 정지시키고

③ K, L2, L3 개방하여 보호가 이루어진다.

④ Fault등 점등(운전실의 고장등이 점등이 된다.)

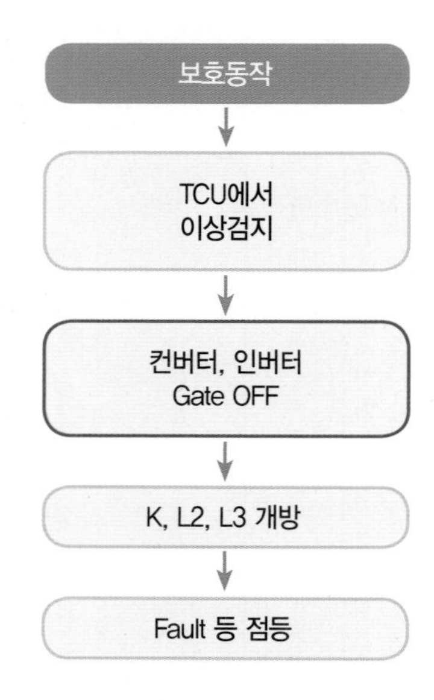

[VCOS 취급시기]

(가) CIFR 여자 시

(나) BMFR 여자 시

(다) MTAR 여자 시

〈과천선 VCOS 취급시기〉
M (MTAR)
B (BMFR)
C (CIFR)

예제 **다음 중 과천선 VVVF 전기동차 M'차에 관한 설명으로 틀린 것은?**

가. 교류구간에서 L1은 투입되지 않는다.

나. 직류구간에서 역행단 OFF시 L2, L3은 차단되고 L1은 투입을 유지한다.

다. 교류구간에서 역행단 OFF시 K, L2, L3가 차단되어 컨버터는 기동을 정지한다.

라. 직류구간에서 MCB투입 시 L1은 자동 투입된다.

해설 교류구간에서 Notch Off시 L2, L3, K는 접촉상태를 유지하고 컨버터는 계속 동작한다.

예제 **다음 중 과천선 VVVF차량의 OVCRf가 동작하는 경우가 아닌 것은?**

가. 회생운전 중 전차선 단전 시

나. C/I 내에 GTO Arm 단락으로 L1 트립 시

다. 주회로에 과전압 또는 GTO 오점호 발생 시

라. 회생(운전)제동 중 팬터그래프 이선 시

해설 [과천선 OVCRf가 동작 하는 경우]

- 과전압 또는 GTO 오점호 발생시, 회생운전 중 전차선 단전, 팬터그래프 이선 시 동작
- OVRe를 거쳐 방전하고 주회로 기기를 보호하는 작용을 한다.

예제 **다음 중 과천선 VVVF 전기동차에 관한 설명으로 맞는 것은?**

가. 직류구간에서 주회로에 1,600A 이상 과전류 시 MCBOS–RS–3초 후–MCBOS를 취급한다.

나. MCBOR 무여자 시 SIV가 정지되고 60초 후 MCB가 차단된다.

다. M차 CIFR 여자 후 복귀불능 시 연장급전–MCBOS–VCOS–RS 3초 후–MCBCS를 취급한다.

라. 주변압기온도이상 발생 시 해당 차량 MCB가 차단된다.

해설 나. SIV 고장 후 감시시간 후(60초) 재고장 발생 시 SIVFR 여자된다.
다. M차 L1트립 중 CIFR 여자 시: 연장급전스위치(ESPS)를 취급한다.
라. 주변압기온도이상 발생시 주차단기는 작동하지 않는다.

예제 다음 중 과천선 VVVF 전기동차에 관한 설명으로 맞는 것은?

가. 단류기함에는 충전저항기, L1, L2, L3, FL이 취부되어 있다.

나. 교류구간에서 M차 C/I 고장시 K, L2, L3가 차단된다.

다. 직류구간에 C/I내 GTO Arm 단락 시 MCBOCS취급 시 L1이 차단된다.

라. 비상제동 체결 시 EBR1이 소자하여 회생제동을 차단한다.

해설 가. 단류기함에는"M차, M'차측의 언더 후레임 하부에 취부되어 있고,"
"CHRe, L1(HSCB), L2, L3, L1R, L2R, L3R, LIRR, LIFR, TU"가 있다.
나. 교류구간에서 M차 C/I 고장시 K가 동작한다.
다. 직류구간 C/I내 GTO Arm 단락 시 MCBOS를 취급시 L1 투입된다.

예제 다음 중 과천선 VVVF차량의 교류구간에서 M'차 운전 시에 회로 설명으로 틀린 것은?

가. 인버터의 기동 중 역행지령: 11선 가압 → 0.1초 후 → IVN Gate신호입력 → 인버터기동

나. 컨버터의 기동: TCU → 콘버터게이트 지령 → 기동/SIV

다. 주회로구성: MCB 투입 → L3↑ → L2↑ → AK↑ → K↑ → AK↓ → 역행

라. 보호동작으로 재기동: MCBRS취급 → 3초 후 → RSR↑ → PWM CONVERTER 정지

해설 보호동작으로 재기동은 "RS취급 → 3초 후 → RSR↑ → (TCU－RST신호입력) → PWM Converter"

[재기동 (RS: Reset)]

보호동작이 취급되면 재기동해 보아야 한다.

(1) RS 취급

① RS 스위치 ON → RSR여자

② 103선 ⇒ CIN ON → RSR(a) → TCU입력

③ 보호동작 복귀 → PWM 컨버터 동작

(2) RS 취급 유효조건

① 회로차단기 MCN, HCRN ON

② 전·후진제어기 F·N·R 위치

③ 역행핸들 OFF 위치

④ K, L3 차단 조건

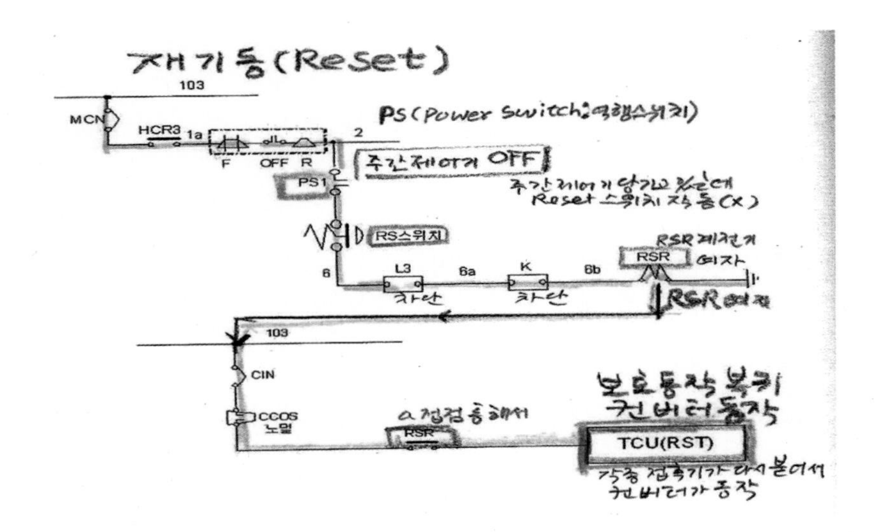

[과천선 교류구간에서 M차 주회로 제어및 컨버터 기동 순서]

(1) 교류구간에서 M차와 M′차의 차이점

① 교류구간에서 M차는 L1, L2, L3가 동작하지 않는다.

② M차는 AK와 K만 접촉한다. 나머지는 차이가 없다.

예제 **다음 중 과천선 VVVF차량 M'차 C/I 고장 후 재차 복귀불능 시 올바른 조치방법은?**

가. MCBOS → VCOS → RS → 3초 후 → MCBCS

나. 연장급전 후 → MCBOS → VCOS → RS → 3초 후 → MCBCS

다. MCVOS → RS → TEST → MCBCS

라. MCBOS → RS → VCOS → 3초 후 → MCBCS

해설 M'차 C/I 고장 후 복귀불능 시 "연장급전"을 해야 한다.
"연장급전 → MCBOS → VCOS → RS → 3초 후 → MCBCS" 순으로 조치한다.

예제 **다음 중 과천선 VVVF 전기동차 VCOS 취급 후 현상이 아닌 것은?**

가. CIFR, BMF 여자 시 VCOS 취급하면 FAULT등 소등, VCO등이 점등된다.

나. MTAR 여자 시 VCOS 취급하면 FAULT등 소등, UCO등이 소등

다. 고장나지 않고 정지된 차량의 경우 MCB가 재투입된다.

라. 고장차량의 경우 L3, L2 투입불능 및 AK, K 개방

해설 MTAR 여자시 VCOS 취급하면 FAULT등"소등", UCO "점등"된다.

예제 **다음 중 과천선 VVVF 전기동차에 관한 설명으로 맞는 것은?**

가. ZVR 소자 시 동력운전이 불가능하다.

나. 후부 주차제동 체결 시 동력운전이 불가능하다.

다. MR압력 6.0Kg/cm^2 이하로 비상제동 체결 시 EBCOS 취급하면 비상제동이 풀리고 동력운전이 가능하다.

라. 후부 TC차 PLPN 차단 시 POWER등 점등불능이나 동력운전과는 무관하다.

해설 가. ZVR은 과천선 VVVF차량 CrS(DOS)로 출입문을 개방할 수 있는 조건이다.
나. 주차제동스위치는 "주차위치 에서는" 주차제동통의 압력을 스위치 배기구를 통하여 대기로 배출시키며, "완해위치 에서는" 주공기관의 압력공기를 주차제동통으로 공급 작용을 한다.
다. MR압력 6.0Kg/cm^2 이하게 될 경우 "주차제동 공기압력 스위치" 취급

예제 **다음 중 과천선 VVVF 전기동차에 관한 설명으로 틀린 것은?**

가. 절연구간 통과 시 OVCRf가 동작하는 것을 예방하기 위해 ELBCOS를 취급한다.

나. 직류구간에서 교류구간 진입 전 M차 L1FR 여자 시 즉시 EPanDS를 취급한다.

다. MTAR 여자 시 VCOS 취급하면 Fault등이 소등되고 UCO등이 점등되며 MCB는재투입된다.

라. 직류구간에서 가선전압이 1,650V 이하인 경우 감속도 일정 제어를 수행한다

해설 MTAR이 여자 시 VCOS를 취급하면 MCB는 재투입이 불가능하다.

예제 **다음 중 과천선 VVVF 전기동차 11선 가압 구성에 관한 내용으로 틀린 것은**

가. 1개 출입문 닫힘 불량으로 DIRS ON취급

나. 주공기압력 7Kg/cm^2 이상으로 주차제동 완해 시

다. 역행핸들 OFF시

라. 역전핸들 후진위치

해설 역행핸들 OFF시 역행회로 구성은 되지 않는다.

[과천선 11선 가압 구성 조건]

① 회로차단기 MCN, HCRN 투입

② 역전기(전후진제어기) 전진 혹은 후진에 있을 것

③ 비상루프회로 구성 및 ATC장치 정상 및 속도초과 상태가 아닐 것(BR)

④ 제동핸들 완해위치(ELBR), 단 정차 중에는 예외(ZVR)

⑤ 주차제동 풀림상태 및 주공기압력 6~7Kg/cm^2 이상(PBPS)

⑥ 전체 출입문 완전 폐문(DIR1) 또는 비연동 운전 (DIRS)

⑦ 역행 핸들 1~4단 위치

예제 **다음 중 과천선 VVVF 전기동차에 관한 설명으로 틀린 것은?**

가. 절연구간 통과 시 OVCRf가 동작하는 것을 예방하기 위해 ELBCOS를 취급한다.

나. 직류구간에서 교류구간 진입 전 M차 L1FR 여자 시 즉시 EPanDS를 취급한다.

다. MTAR 여자 시 VCOS 취급하면 Fault등이 소등되고 UCO등이 점등되며 MCB는 투입된다.

라. 직류구간에서 가선전압이 1,650V 이하인 경우 감속도 일정제어를 수행한다.

해설 MTAR이 여자 시 VCOS를 취급하면 MCB는 재투입이 불가능하다.

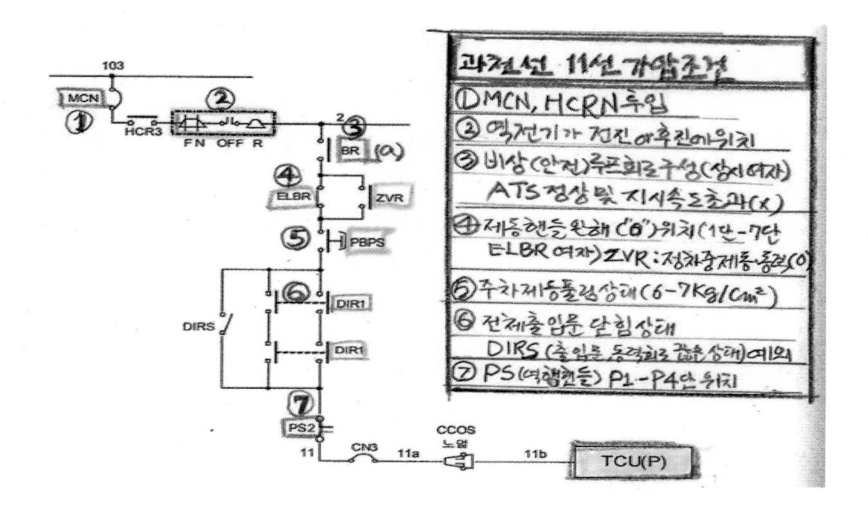

3. 과천선 역행운전 시 주회로 제어절차

1) 과천선 M, M′차 운전 시 주회로 제어절차

가) 교류구간에서 M차 주회로 제어및 컨버터 기동 순서

(1) 교류구간에서 M차와 M′차의 차이점

① 교류구간에서 M차는 L1, L2, L3가 동작하지 않는다.

② M차는 AK와 K만 접촉한다. 나머지는 차이가 없다.

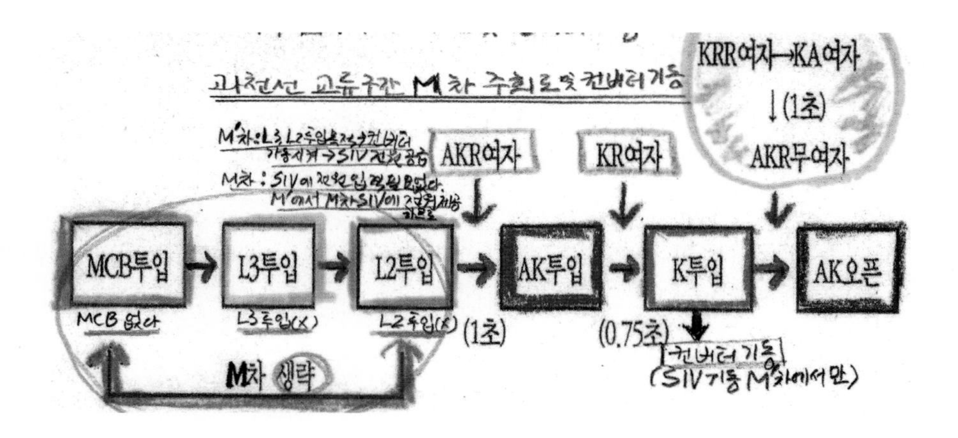

[교류] 교류구간에서 M′차 운전 시 회로요약(L1은 동작 안 함)
① 주회로 구성 : MCB투입→L3↑→L2↑→AK↑→K↑→AK↓ – 역행
㉠ MCB투입→MCBR3→MCB AR↓→(TCU−MCBA 차단신호 없어짐)
㉡ L3 투입지령 : TCU 41d1선 가압→L3R↑→L3↑→(TCU−L3A 신호 입력)
㉢ L2 투입지령 : 0.6초 후→41c1선 가압→L2R↑→L2↑→(TCU−L2A 신호 입력)
㉣ AK 투입지령 : 1초 후→41e선 가압→SqAR↑→AKR↑→AK↑
㉤ K 투입지령 : 0.75초 후→41f선 가압→KR↑→KRR↑→KA↑→K↑→AK↓
② 컨버터의 기동 : TCU→컨버터 게이트 지령→기동/SIV 기동
③ 인버터 기동
㉠ 전진, 후진 지령 : 4, 5번선 가압→(TCU−F,R 신호입력)→모터제어
㉡ 역행지령 : P1~4단→11선 가압→(TCU−P 신호입력)→0.3초 후→INV Gate 신호입력→인버터 기동
④ 역행단 OFF : 1초 후→INV Gate off→L2,L3,K 접촉상태유지/ CON 기동상태유지
⑤ 보호동작과 재기동
㉠ 보호동작 : TCU→C/I Gate off, K, L2, L3 개방, Fault등 점등
㉡ 재기동 : RS취급→3초 후→RSR↑→(TCU−RST신호입력)→PWM CON정상동작
(자료: 서울교통공사, 전동차 구조 및 기능, 2018)

나) 직류구간에서 M′차, M차 역행운전주회로 제어 절차

직류구간에서의 주회로 구성(직류구간에서는 M차,M’차 제어순서 동일)

▶ 직류구간에서 역행운전시 주회로 구성 절차

- MCB 투입
- L1이 자동 투입
- 역행(출력)제어기 취급 → 약 1초 후 역행 발생
- 그 이유는 역행취급 후 → L3(0.3초 후) → L2(0.6초 후) → INVERTER(0.1초 후)가 투입 되고 나서 → 견인전동기가 구동하기 때문이다.

직류구간 M,M' 제어 순서

직류구간 M,M'
제어순서

↓

MCB투입

↓

L1투입
(MCB 투입 시 자동 투입)

↓

L3투입
(기관사 역행취급)

↓

L2투입
(기관사 역행취급)

↓

인버터 기동

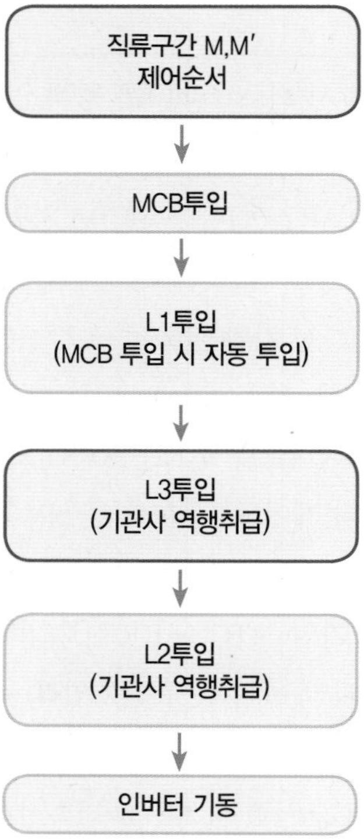

[직류] 직류구간에서 M'차, M차 운전 시 회로요약(K는 동작 안 함)

① 주회로 구성 : L1↑(MCB투입 시 자동투입)→역행→L3↑→L2↑

㉠ ADDR1↑→MCBR1,2→COR1→L1R↑→L1↑→L1RR↑→(TCU−L1A 신호입력)

② 역행지령과 L3, L2 투입지령

㉠ 역행지령 : P1~P4단 투입→11선 가압→(TCU−P 신호입력)

㉡ L3 투입지령 : 0.3초 후→TCU 41d1선 가압→L3R↑→L3↑→(TCU−L3A 신호입력)

㉢ L2 투입지령 : 0.6초 후→41c1선 가압→L2R↑→L2↑→(TCU−L2A 신호입력)

③ 인버터 기동과 제어

㉠ 전진, 후진 지령 : 4, 5번선 가압→(TCU−F,R 신호입력)→모터제어

㉡ 역행단 입력 : P1~4단→11선 가압→(TCU−P 신호입력)→0.1초 후→
INV Gate 신호입력→인버터 기동

④ 역행단 OFF : 11선 무가압→(TCU−P 지령 종료)→INV Gate off→L2, L3 개방
타행운전.

⑤ 보호동작과 재기동

㉠ 보호동작 : TCU→INV Gate off, L2, L3 개방, Fault등 점등(CON은 무관)

㉡ 재기동 : 단 off→RS취급→3초 후→RSR↑→(TCU−RST 신호입력)→
보호동작 복귀→역행운전 준비완료

(자료: 서울교통공사, 전동차 구조 및 기능, 2018)

[직류구간에서 운전취급 방법]

직류구간에서 운전취급방법은 → 정차 후 출발 시 역행(출력)제어기를 먼저 취급하고 → 순차적으로 제동을 풀어 운행한다.

◉ 순차적으로 제동을 풀어 운행하는 방법의 장점

- 출발 시 충격을 최소화시켜 준다.
- 상구배(경사도가 높은 선로) 등에서 열차가 뒤로 밀리지 않게 한다.

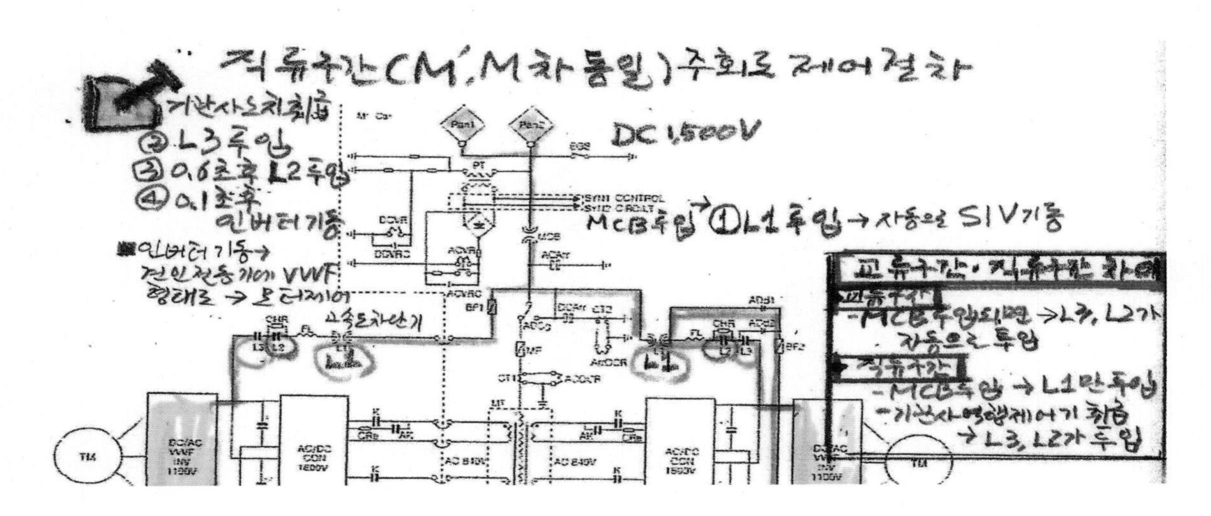

[과천선 VVVF전기동차 교류구간 역행제어회로 흐름]

② MCB투입

④ L3투입

⑤ 0.6초 후 L2 투입

⑤ 1초 후 AK투입

⑥ 0.75초 후 K투입

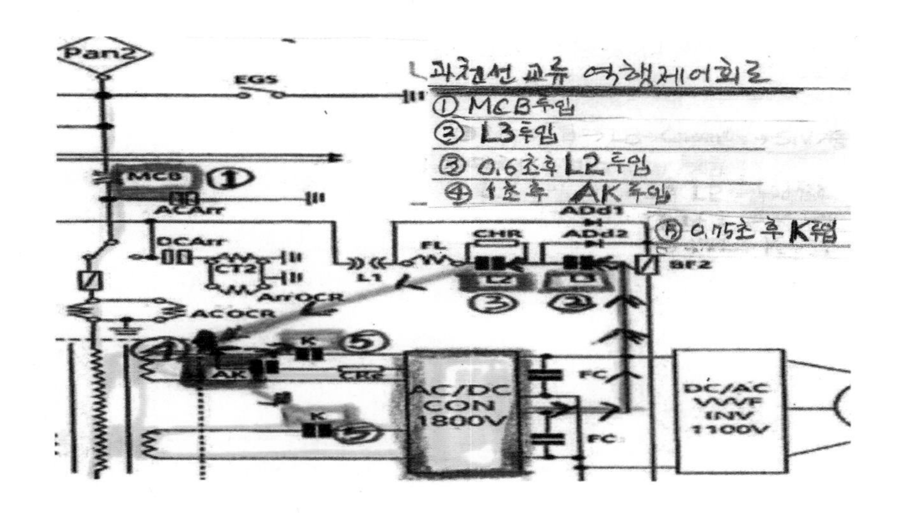

예제 **다음 중 과천선 VVVF전기동차에 관한 설명으로 틀린 것은?**

가. FL의 정격전류는 550A이고, L2와 L3사 이에 직렬로 접속되어 있다.

나. BF2 용손 시 직류 및 교류구간 모든 SIV가 정지된다.

다. MCB가 투입되면 MCBAR이 소자하여 MCBA신호가 차단된다.

라. 운행 중 단전 시 OVCRf가 동작하여 FC전하를 OVRe를 통해 방전시킨다.

해설 FL(Filter Reacter, 필터 리액터)는

L1(고속도차단기), L2(유니트 차단기)사이에 "직렬로 접속"

2) 과천선 L1 차단회로

[기능]

- L1은 교류구간에서 MCB와 비슷한 역할을 해준다.
  1. DC 구간 운행 중 GTO ARM 단락(스위칭이 안돼!) 또는
  2. 주회로에 1,600A 이상 과전류 흐를 때

  → 주회로 기기보호를 위해 L1이 트립하여 사고차단(Trip)되어 해당 Unit(차량)을 차단한다(만약에 재기동해도 안 되는 경우).

▣ 과천선 VVVF차량에서 L1이 트립(Trip)되는 경우

① 직류구간에서 주회로에 1600A이상 과전류가 흐를 때

② C/I내 스위칭 작업을 할 수 있는 GTO Arm 단락이 될 때

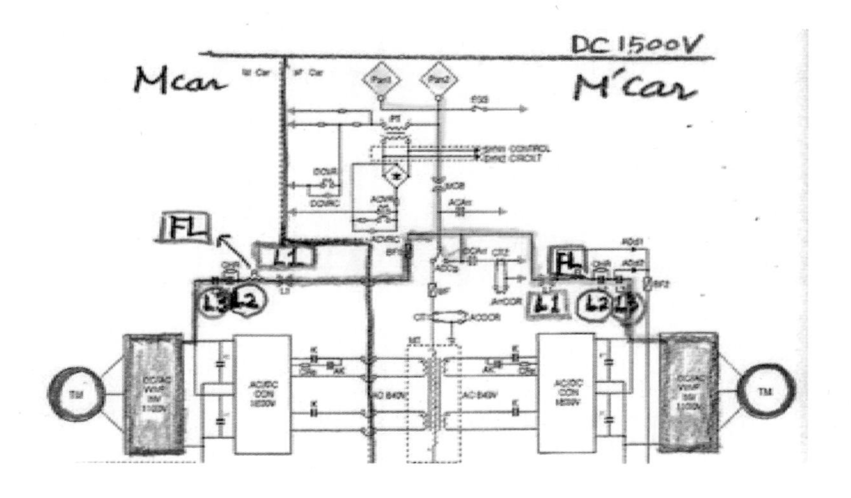

▣ 과천선 VVVF차량에서 L1이 트립(Trip) 시 복귀 방법

① 직류구간에서 주회로에 1600A이상 과전류가 흐를 때

◑ MCBOS (스위치 일단 끄고) → RS(다시 RS취급) → 3초 후 → MCBCS (MCB투입 스위치 취급하면 다시 복귀)

② C/I내 GTO Arm 단락이 될 때(GTO스위칭 못하게 되어 있다)

◑ M차: MCBOS (MCB차단하고) → VCOS (차량차단스위치 취급, 고장차량 격리) → RS → 3초 후 → MCBCS

◑ M'차: 연장급전(SIV가 고장 시 인접한 보조전원장치(옆 차량들을 책임진다)를 통해서 전원을 받을 수 있게 한다. 10량 기준에 SIV는 3개 차량에만 설치됨: 한 SIV당 3개 차량, 또는 4개 차량을 관할) → MCBOS (MCB를 다시 끄고) → VCOS (VCOS취급하여 차량을 완전 격리) → RS-3초 후 → MCBCS
(M'차에 있는 주변환기, 컨버터가 고장이 나면 SIV에 입력전원을 줄 수 없게 된다. 그래서 제일 먼저 연장급전을 해주어야 한다.)

4. 과천선 회생제동 제어회로

1) 회생제동 제어란

(1) 회생제동 +공기제동 병용

– 제동은 제어 핸들에 의해 제어된다. 제동제어기를 취급(B1~B7)하면 → 회생제동과 공기제동 병용하여 이루어진다.

(2) 제동작용

– 회생제동 우선, 회생제동 부족분 공기 제동으로 보충(회생제동 불가 → 공기제동만 체결)
  회생제동을 제어하는 TCU와 공기제동 제어하는 BOU(ECU) 통신

(3) 공기제동의 역할

공기제동력의 보충이 필요한 경우

① 회생제동력이 부족한 경우

② 회생제동이 작용하지 않는 경우

(4) 제동력

제동력 = 요구제동력 + 응하중(승차인원)

(5) 제동체결 절차

① 제동지령: 제동제어기로 제동체결 → 10선 가압 → TCU에 『B』 신호 입력

② 제동패턴 발생: (요구제동력+응하중), 소요제동력(BOU) 결정

③ 인버터 기동: TCU로부터 『B』 신호 출력 0.4초 후 인버터 기동 → 회생제동 작용

④ 제동제어기 OFF: 10선 무가압 → TCU에 『B』 신호 소멸 → 1 초 후 인버터 정지

제동체결 절차

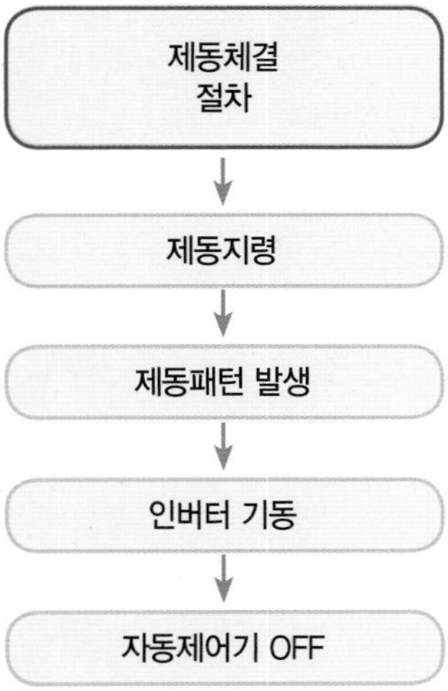

2) 회생제동 제어회로

가) AC구간

◑ M′차:
- K, L2, L3 투입
- AK 개방
컨버터, SIV 가동상태이므로 → 인버터 기동

◑ M차:
- K 투입
- AK 개방
- 컨버터가동, 인버터 가동상태이므로 → 인버터 기동

1) 제동 지령

① 제동 단(Brake Notch)지령

주 제어기 제동 제어기 단을 B1—B7단의 위치로 하면

→ 10선이 가압되고 → TCU에 제동지령 B7가 주어진다.

◑ TC차【103-(BVN1) → 281 → (제동제어기: B1-B7단)
→ ELBCOS → (ZVR) → (DSSRR) → (EBR)】
M,M′【10 → (CN2) → C/I Box[(CCOS Normal) → 10b → (TCU-B)] 】

[제동지령 조건]

1.BVN ON 설정

2. 제동핸들 B1~ B7 위치

3. 회생제동차단스위치(ELBCOC) 정상위치

4. ZVR 소자(열차속도 3Km/h 이상)

5. DSSR 여자(절연구간이 아닌 구간)

6. EBR 여자(안전루프 정상상태 → 비상제동을 체결하지 않은 상태)

나) DC구간

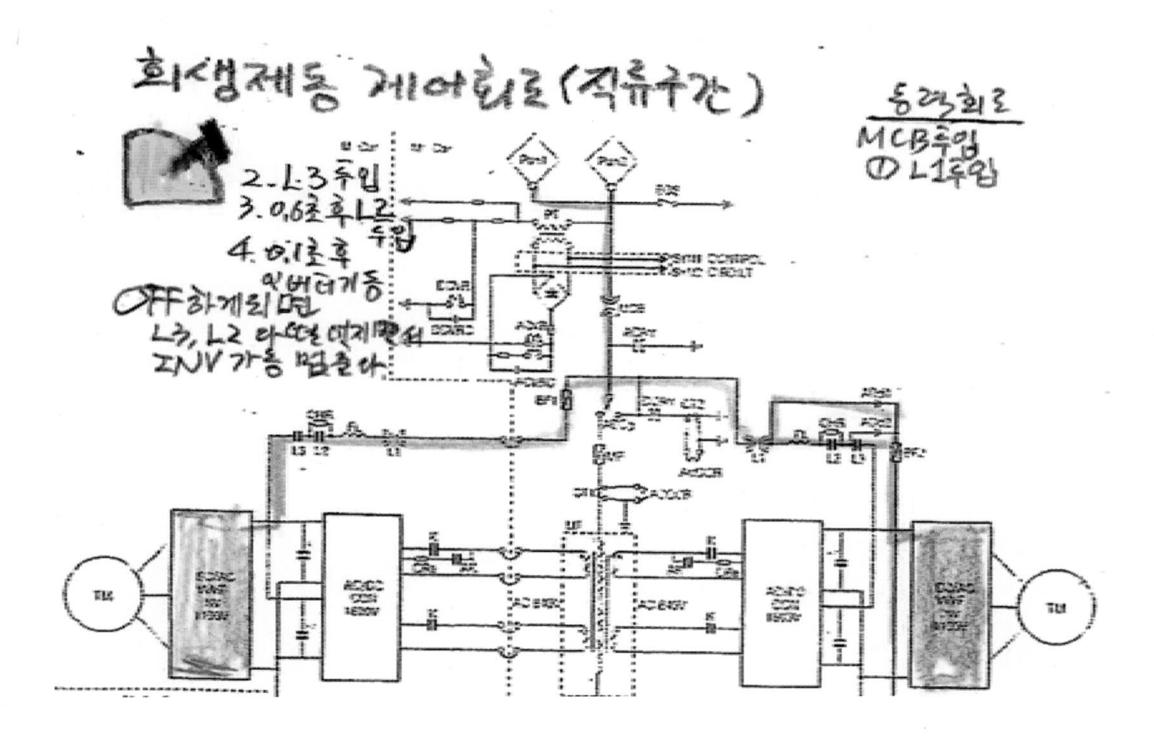

예제 **다음 중 과천선 VVVF 전기동차 직류구간 회생제동 시 주회로 흐름 순서로 맞는 것은?**

가. 주전동기–주차단기–인버터–교직절환기–집전장치

나. 주전동기–교직절환기–주차단기–인버터–집전장치

다. 주전동기–인버터–교직절환기–주차단기–집전장치

라. 주전동기–인버터–교직절환기–주차단기–집전장치

해설 과천선 VVVF 전기동차 직류구간 회생제동 시 주회로 흐름 순서는 주전동기–인버터–교직절환기–주차단기–집전장치이다

예제 **다음 중 과천선 VVVF 전기동차 Converter에 관한 설명으로 틀린 것은?**

가. 동력운전 시 주변압기 2차측 권선에서 나온 AC840V를 DC1,800V로 변환시켜 Inverter로 공급해 주는 작용을 한다.

나. 주변압기와 Inverter 사이에 설치된 전력변환장치이다.

다. 회생제동 시에는 유도전동기에서 발생한 DC1,800V를 레일을 통해 방전시킨다.

라. 직류구간에서는 가동할 필요가 없다.

해설 회생제동 시에는 유도전동기에서 발생한 DC1,880 또는 DC1,650를 교류로 변환시켜 주변압기에 보내는 작용을 한다.

예제 **다음 중 과천선 VVVF 전기동차에 관한 설명으로 맞는 것은**

가. 단류기함에는 충전저항기, L1, L2, L3, FL이 취부되어 있다.

나. 교류구간에서 M차 C/I 고장 시 K, L2, L3가 차단된다.

다. 직류구간에서 C/I내 GTO Arm 단락 시 MCBOS 취급 시 L1이 차단된다.

라. 비상제동 체결 시 EBR1이 소자하여 회생제동을 차단한다.

해설 과천선 VVVF 전기동차는 비상제동 체결 시 EBR1이 소자하여 회생제동을 차단한다.

예제 **다음 중 과천선 VVVF차량의 회생제동이 동작하지 않는 경우가 아닌 것은?**

가. 절연구간 진입 시

나. 가선전압 급변 시

다 OVCRF 차단 시

라. 팬터그래프 이선 시

해설 과천선 VVVF차량의 회생제동은

(1) 절연구간 진입 시,

(2) 가선전압 급변 시,

(3) 팬터그래프 이선 시 OVCRF가 동작하여 회생제동을 차단한다.

예제 **다음 중 과천선 VVVF 전기동차에 관한 설명으로 맞는 것은?**

가. 최초기동 시 TEST 스위치 취급하면 어떠한 형상도 없다.

나. 후부 TC차 PLPN 차단 시 MCB는 양소등되나 출력은 정상으로 POWER등 점등이 가능하다.

다. 주변환기 고장 시 VCOS 취급하면 VCO등이 점등되며 Fault등 및 차측등이 소등된다.

라. 직류구간에서 일부차량 GTO Arm 단락 시 MCBOR소자로 MCB양소등 및 Fault 등이 점등된다.

해설 나. 후부 TC차 PLPN 차단 시 "역행 및 회생제동 시에도 POWER등 점등 불능"
" MCB ON등 점등 불능, MCB OFF등 점등 불능" 된다.
라. 직류구간 "GTO Arm 단락 시" 고속도 차단기 "L1을 Trip하여 해당 유니트 차단"

예제 **다음 중 과천선 VVVF 전기동차의 VCOS 취급시기로 적절하지 않은 것은?**

가. CIFR 여자 시

나. BMFR 여자 시

다. CMFR 여자 시

라. MTAR 여자 시

해설 과천선VCOS 취급시기－[MBC]
"CIFR 여자시, BMFR 여자 시, MTAR 여자 시"

〈과천선 VCOS 취급시기〉
M (MTAR)
B (BMFR)
C (CIFR)

예제 **다음 중 과천선 VVVF 전기동차에 관한 설명으로 맞는 것은?**

가. 직류구간에서는 일부 차량 GTO Arm 단락 시 MCBOR소자로 MCB양소등 및 Fault등이 점등된다.

나. 후부 TC차 PLPN 차단 시 MCB는 양소등되나 출력은 정상으로 POWER등 점등이 가능하다.

다. 주변환기 고장 시 VCOS를 취급하면 VCO등이 점등되며 Fault등 및 차측등이 소등된다.

라. 최초기동 시 TEST 스위치 취급하면 아무런 현상이 없다.

해설 가. DC구간 GTO Arm 단락 시 L1이 차단되고 Fault 등 점등

나. 후부 PLPN (지시등회로차단기) 차단 시(OFF 시)

① 역행 회생제동 시에도 POWER등 점등불능

② MCB ON등 점등 불능

③ MCB OFF등 점등 불능

라. TEST 스위치 기능은 "전체 MCB 투입 불능 시 조치" 이다.

예제 **다음 중 과천선 VVVF 전기동차에서 MCB가 양소등 되는 경우로 맞는 것은?**

가. M'차 SIV 고장 시

나. L1 사고차단 시

다. M차 주변환기 고장 시

라. 주변압기 온도이상 발생 시

해설 "M'차 SIV 고장 시" MCB가 양소등 된다.

주회로 핵심주제 요약

제1절 유도전동기

1. 유도전동기 원리

◐ 왼손법칙: 검지(자기장), 중지(전류), 엄지(힘)

→ 유도전동기 → 아라고의 원리

◐ 오른손법칙: 검지(자기장), 중지(전류), 엄지(운동)

직류전동기 → 플레밍의 왼손법칙

2. 유도전동기 특징

(1) 동기속도

회전자계의 속도

$Ns = 120f/P$

(f: 주파수, P: 극수) ⇒ 4극 전동기 회전수는 2극 전동기 회전수의 1/2배

(2) 슬립

- 회전자속도(N)는 회전자계속도(Ns)보다 느리다. 이 차이가 Slip이다.
- 만약 N=Ns라면 Slip '0'이라면 회전자가 자속을 끊지 못하고 회전자에 기전력이 유기하지 못해 회전력(토크)은 발생되지 않는다.

◐ (동력운전) 전동기 역할시 $N < Ns$로서 +Slip (회전자계의 동기속도가 빠름)

◐ (회생제동) 발전기 역할시 $N > Ns$로서 −Slip (회전자의 속도가 동기속도보다 빠름)

동기속도 $Ns = \frac{120f}{P}$(rpm)

회전자 속도 $N = Ns(1-s)$

슬립　　$S = Ns - N/Ns \times 100\%$

회전수와 토크(회전력): 반비례

(3) 회 전 수: 전원주파수가 증가하면 회전수 증가하고 슬립주파수가 커지면 회전수는 감소한다.

회전자속도 $N = Ns(1-S)$

(4) 회 전 력: 회전력은 고정자에 발생된 자속과 회전자에 유기된 전류에 비례

- 고정자 자속은 전원전압에 비례하고 전원주파수에 반비례
- 회전자 전류는 자속과 슬립주파수에 비례
- 전원주파수(f) 높이면 회전수(N)는 증가하고 회전력(T)은 감소, 주파수와 같은 수준으로 전압과 슬립주파수 높여주면 일정한 토크를 얻는다.
- 토크(T)는 전압과 슬립주파수로 제어한다.

[회전력 구하는 공식 2개는?]

$T = K1 \times (V / f)^2 \times fs$

$T = K1 \cdot \Phi \cdot Ir$

[회전력과의 관계]

[f ↑　Ns ↑] , [f ↑　 T ↓] , [V↑　fs ↑　→T]

① 유도전동기 제어

◐ 유도전동기는 정속도 부근에서 일정한 속도로 회전하려는 정속도 특성이 있어 속도제어가 쉽지 않다.

② 주파수제어

◐ 열차정지시 0 HZ에서 서서히 공급주파수를 증가시키면 동기속도 증가 → 공급주파수 증가 → 동기속도증가 → 회전속도증가 → 회전력감소 → 견인력감소 → 속도저하

③ 전압제어

◐ 속도를 높이기 위해 주파수를 높이면 토크가 저하되고 따라서 견인력이 줄어들어 속도도 감소한다. 이에 따라 공급전압도 증가시킨다.

◐ 공급전압증가 → 회전력증가 → 속도증가 → 전압최고점도달 → 회전력감소

④ 슬립제어

◐ 일정한 회전력(토크)를 얻기 위해 전압을 높이는 데는 한계가 있고 전압최고점에서 토크는 다시 감소하므로 슬립주파수 제어를 한다.

◐ 슬립주파수증가 → 회전력증가 → 속도증가

3. 컨버터와 인버터

1) 컨버터

◐ 정전압 제어, 역률 제어

◐ 단산전압형 PWM제어방식으로 2개의 컨버터를 병렬접속, 축전지와 리액터(고주파 감쇄), 4개의 Arm, 펄스폭변조방식

◐ 일정한 출력전압(DC1800/DC1650)과 전류유지, 전류변환

2) 인버터

◐ 전후진제어, 역행(가속)과 제동(감속)제어

① 역행과 제동은 전압, 전류, 슬립이용

② 헛돌기와 미끄럼발생시 동력과 제동력조절

③ 전후진제어

④ 전압변환

－GTO로서 유접점 스위치가 없다.

－주파수제어는 6개 스위치 on/off 주기조절하고

－전압제어는 스위치on/off 시간조절

[4호선 교직류]

4호선 교류: DC 1650 → 인버터 → AC 0~1250 / 0~160Hz

4호선 직류: DC 1500 → 인버터 → AC 0~1100 / 0~160Hz

[과천선 교직류]

과천선 교류: DC 1800 → 인버터 → AC 0~1100 / 0~200Hz

과천선 직류: DC 1500 → 인버터 → AC 0~1100 / 0~200Hz

제2절 4호선 주회로 기기

1. 주회로 기기(교류구간)

(1) AK

– MT2차측 전원 CF에 충전

(2) K1.K2

– 역행과 회생제동 시 투입, CF돌입전류방지, 주회로 고장과 Notch–off시 개방

– 정격전압AC800v, 정격전류AC600A, 제어전압DC100v

(3) CF

– 컨버터출력 및 직류가선 리플성분을 흡수하며 CHRe1를 통해 CF충전

(4) CHF

– 고주파 노이즈 감소

(5) OVCRf

– GCU전압저하시, GTO–Gate전압저하시, GTO오점호시, CF양단2200V과전압시 ⇒ OVCRf동작, THFL점등, Reset취급하여 복귀

(6) GR

교류운행시 누설전류 감지 → MCBOR2여자 → MCB개방

2. 주회로기기(직류구간)

(1) HB1.2

- 직규구간 운행중 역행·제동취급시 투입하고 역행·제동off와 GCU보호검지시 정상차단, 1200A 이상 감지(OPR)시 저항기로 감류하여 사고차단

(2) LS

- CF충전 후 투입하며 부하전류 차단은 하지 않고 투입만 하는 접촉기

(3) FL

- CF와 함께 고주파성 입력전압 평활(L－C), 전동송풍기로 냉각(FLBM)
- FLBMN차단시 Power점등불능, MTOM차단시 관제보고 후 운전

3. 제어회로 구성

(1) 게이트 제어 유니트 (GCU)

16비트CPU2개＋PCB15개

① 컨버터(직류정전압제어, 역률제어)

② 인버터제어(동력운전－가속, 회생제동－감속, 전후진제어)

③ 헛돌기시 출력감소 후 재점착제어

④ 보호동작(OPR, MCBOR)

⑤ 고장기록 모니터기능(TGIS)

(2) 주간제어기(Master Controller)

- 출력제어기(PS), 전후진제어기(기계적 인터록), 운전자안전장치(DMS), 주간제어기(MC), 차동 Trans 등으로 구성
- Reset S/W 별도 설치
- 펄스 폭 발전기(PWM Generator)
- 계전기 유니트(Relay Unit)

4. 보호회로

◐ MCBOR: 교류구간 MT 2차측(2500A이상)시 MCB차단하며 OPR도 여자
직류구간에서는 HB(1200A 이상)가 먼저 차단 후 MCB차단

◐ OPR: 교류구간 MCB사고차단으로 K1/K2차단 시
직류구간 보호회로 동작으로 HB1/HB2차단 시 동작 ⇒ TGIS회로개방출력, THFL, CCOR 여자(GCUoff)

① MT 2차측 2200A 이상시
② HB1200A 이상시
③ CF충전불량
④ 주전동기2200A 이상시
⑤ 상불평형
⑥ 제어저전압 ⇒ 고압보조회로 무관

◐ CDR: 제동지령 후 3초 내 회생제동전류100A 이상 감지시 여자(Power램프점등), 3초 이내 CDR여자불능이면 TGIS에 회생제동 실효표시

◐ THI(인버터) / THC1.2(컨버터): 80℃ 이상

5. 4호선 동력운전

1) [GCU전원공급]

◐ CITR여자(단전시 Bat방전 방지 시한 120초) → LCK여자 → GCU100V공급 → DC24V(GCU 제어전원)/AC26.5V(GTO Gate 전원)공급

※ LCK여자

① GCU DC100V공급
② 전원공급기(PS1.2)에 전원공급
③ CCOS를 통해 주회로상태(MCB, HB1.2, LS) 및 가선조건이 GCU에 입력되도록 회로 구성

2) [4호선 11선가압]

◐ 103선－MCN－HCR3(a)－PAR(b)－BER(a)－DMR(a)－DIR1(a)－EBR(a)－NRBR(b)－BR(a)－ATCFBR(b)－SBR(b) －PS

– 주차제동(PAR), 보안제동(SBR), 공기제동풀림(NRBR), 비상제동풀림(EBR), ATC정상 및 속도초과아님(BR), ATC6스텝아님(ATCFBR), 안전루프(BER), 운전자 안전장치(DMR), 출입문전체닫힘(DIR1)

(1) 교류구간

※ 역행지령시 전후진제어기 전진/후진선택, Notch 1~4N, 회생제동off, K1.2off, 보호회로미동작조건

◐ 역행지령 → AKR여자 → AK투입 → (CHRe2)CF충전 → (AK투입 후 0.5초 후)K1.K2투입 → AK차단 → 컨버터구동 → CF900v이상충전 → 인버터구동 → 역행

◐ 노치off하면 동력운전 지령이 무가압되고 Gate 제어부는 전류, 전압 패턴을 끊고 1초 후 GCU Gate off시키고 1.5초 후 K1.2차단하여 회로개방

◐ AK투입후 1초 이상 경과시 K1,K2투입되지 않을 경우 AK off

(2) 직류구간

※ 역행지령시 HB투입조건

전후진제어기 전진/후진선택, Notch 1~4N, 회생제동off, HB1.2off, 보호회로 미동작조건

※ 역행지령시 LS투입조건: HB1.2투입, CF300V 이상충전

※ 역행지령시 Gate기동조건: CF900v 이상충전, 보호회로미동작

◐ 역행지령 → HBR여자 → HB1.2 → (CHRe1)CF충전 → (CF충전 0.2초 후)LSWR여자 → LS투입 → CF900V 이상충전 → 인버터 → 역행

◐ 노치off하면 동력운전 지령이 무가압 되고 Gate 제어부는 전류, 전압 패턴을 끊고 1초 후 GCU Gate off시키고 1.5초 후 HB1.2차단하여 회로개방

3) 운전자안전장치(DMS)

◐ BVN → ① ZVR(a 5km/h 이하, 정차시) ② DMSon(운행시) ③ 제동(1스텝~비상) → DMR, DMTR여자

5km/h 이상 속도에서 DMR소자시 5초 이내에 DMS누르지 않거나 제동취급하지 않으면

DMR소자로 5초 후 DMTR개로 되어 비상체결

4) CCOS(제어회로개방 스위치)

◐ 평상시 CCOS는 ON상태에서 운전지령 및 입력신호를 GCU와 연결시켜주나 C/I장치 보호회로 동작으로 OPR여자하면 THFL점등하고 VCOS취급시 CCOSR여자로 CCOS는 OFF되고 해당M차는 개방되며 C/I Box내의 CCOR은 수동으로만 복귀가능하다.

5) 회생제어

- ELBR: 비상제동시 소자되어 공기제동만 작용하도록 설치하였으며 상용1~7Step시, 비상제동이 걸리지 않는 조건에서 여자되어 GCU에 회생제동 지령
- ELCR: 안전루프 구성되면 여자하고 비상시 소자하여 회생차단하고 공기제동만 작용한다.
- DSR2: 제2절연구간 계전기로 교–교절연구간, 교직절연구간에서 ATS장치에서 검지하여 여자되면 회생제동을 차단한다

◐ 교류: 제동지령 → AK(0.5초) → K1.K2(AK차단) → 컨버터 → CF900v이상충전 → 인버터 → 회생on → 제동off(1초) → GCU Gate off → K1.K2차단
(속도 10Km/h 이하시)

◐ 직류: 제동지령 → HB1.HB2(0.2초, CF300v 이상충전) → LS → CF900v 이상충전 → 인버터 → 회생on → 제동off(1초) → GCU Gate off → HB1.2, LS차단
(속도 10Km/h 이하 시)

제3절 과천선 주회로 기기

1. 주회로기기

1) 교류

(1) AK

MT 2차측 전원을 충전저항기(CHRe2)를 거쳐 FC에 충전

(2) K1.K2

역행과 회생제동시 투입, FC돌입전류방지, 주회로 고장과 Notch-off시 개방

(3) FC

컨버터 출력 및 직류가선의 고조파(Ripple)성분 흡수

(4) OVCRf

- FC설정전압 초과시, FC전하를 비정상적 방전시 동작하여 주회로 기기를 보호

[동작조건]

① 직류과전압 검지시: FC전압 급상승

② Gate전원이상 검지시: GTO-Gate전압저하, GTO오점호, Arm단락, Panto이선, 회생중 전차선이상시(단전)

(5) DCHRe

- FC에 병렬로 접속되어 Pan하강하거나, 제어전원을 OFF한 경우 FC의 전하를 정상적으로 방전

2) 직류

(1) L1

- 주회로 과전류시(1600A)차단, 직류구간만 동작: 사고차단 시 T코일 여자하고 C코일 소자(L1FR여자), 정상차단시 T/C코일 모두 소자(L1R소자)

(2) L2.L3

– CIFR동작시 개방, 교직류구간 모두동작(SIV)

(3) FL

– 주회로 고주파흡수, 전차선 이상충격전압 흡수하여 주변환기 이상전압인가 방지: 정격(연속), 정격전류(550A), 정격전압(1500v)

(4) 단류기함

– CHRe, L1(HSCB), L2, L3, L1R, L2R, L3R, L1RR, L1FR(전면): L1, TU(후면)

05. IGBT

– 전압신호로 on/off(Gate에 +15V인가시 ON, −15V인가시 OFF)

– GTO에 비하여 경량화, 모듈화, 저소음, 에너지절감, 스위칭주파수가 높다

2. 과천선 동력운전

1) TCU전원공급

◐ TCU100v공급 ⇒ TCU: 엔코더 출력, 열차속도, 차량하중(응하중) → 출력전압, 전류, 주파수

2) 11선가압

◐ 103선− MCN−HCR3(a)−BR(a)−ELBR(b) −PBPS완해 −DIR1(a)−PS

역전기전/후진, 비상루프구성/ATC속도초과 아님(BR), 제동핸들 운전위치(ELBR), 주차제동 풀림/주공기압력 6~7kg(PBPS), DIR / DIRS, Notch1~4

(1) 교류

교류M′

주회로 지령에 의한 MCB투입순서

◐ MCB투입 → MCBR3↓ → MCBAR↓ → TCU에 MCB차단신호(MCBA)가 없어진다.

[교류M′]

◐ L3(0.6초) → L2(1초) → AK(0.75초) → FC충전 개시 → K(AK차단) → 컨버터 → SIV → 역행지령(0.3초) → 인버터 → 노치off(1초) → 인버터off (L2, L3, K투입유지, 컨버터, SIV 기동)

[교류M]

(L2,L3 투입 안 함)

◐ AK(0.75초) → FC충전개시 → K(AK차단) → 컨버터 → → 역행지령(0.3초) → 인버터 → 노치off(1초) → 인버터off (K투입유지 · 컨버터)

(2) 직류

[직류M′]

◐ 역행지령(0.3초) → L3(0.6초) → L2(0.1초) → 인버터 → 노치off → TCU지령에 의해 인버터off, L2소자, L3소자: L1.SIV기동

[직류M]

◐ 역행지령(0.3초) → L3(0.6초) → L2(0.1초) → 인버터 → 노치off → TCU지령에 의해 인버터off, L2소자, L3소자: L1투입유지

(3) CIN, CN1, CN3 (역행) CN2(제동)

(4) SIV기동

- SIV기동: 컨버터기동 후 103− AMCN−SIVSR−SIV(교류)
  컨버터기동 후 103− AMCN− L1RR−SIV(직류)
- SIV기동신호: ① 컨버터전원DC1800V(직류DC1500V) ② AMCN을 통한 DC100V ③ IVCN을 통한 DC100v

(5) ZVR

정차시 제동핸들 7스텝에서 역행가능: ZVR

3) 보호회로

(1) 교류고장

(가) CIFR여자

- ◐ CIFR여자 → Fault점등 → PSoff → RS → 3초 후 복귀
- ◐ 복귀불능 재고장 ⇒ 연장급전(송풍기 구동) → MCBOS(MCBR2↓) → VCOS → COR여자 → K.L2.L3차단 → RS → 3초 후 MCBCS → 4/5출력

(나) VCOS

[VCOS 취급시기]

① CIFR여자(VCOS−VCOR)

② BMFR여자(VCOS−VCOR)

③ MTAR여자(VCOS−UCOR)

[VCOS취급시 현상]

- ◐ Power소등(5직렬), Fault소등, 차측등점등, VCOL/UCOL점등, 고장차L3.2투입불능, AK.K 개방, 정상차량 MCB재투입

[송풍기 정지시]

- ◐ 20초후C/I정지 → CIFR여자 → VCOS취급

(2) 직류고장

(가) 주회로1600A이상 시

- ◐ 주회로 1600A 이상시 ⇒ L1차단 → MCBOS(MCBR2소자) → RS → 3초 후(L1−C↓) MCBCS: L1투입상태 유지하므로 MCB모진 우려시 RS 또는 EPanDS

(나) GTO암 단락 시

- ◐ GTO암 단락시 ⇒ L1차단 → 연장급전(M′만) → MCBOS(MCBR2소자) → VCOS → RS → 3초후(L1−C↓)MCBCS

(다) 직류구간 L1 off 상태

◐ 직류구간L1 off상태 → 교류구간 진입 전 EPanDS취급 → 교류구간 도착RS → 고장차 MCB차단 → EPanDS복귀 → PanUS → MCBCS

(라) L1 정상차단

◐ L1정상차단: MCBOS(L1R↓), ADS(L1R↓), VCOS취급(L1R↓), 정전 · 교류모진으로 DCVRTR동작(MCBR1↓ → L1R↓)

(3) VCOS복귀

VRS취급 → VCOR(R)여자 → VCOR(C)복귀

(4) 교류 가선 30kv 이상 시

가선 30kv 이상시 / 절연구간 / 가선전압급변 / 가선 이선시 회생제동차단 ⇒ OVCRf

(5) 직류 1650v이하

1650v 이하(감속도 일정제어), 1650V 이상(회생억제), 1800V 이상(회생차단) ⇒ CDRoff하고 OVCRf동작하여 FC전하를 방전시켜 기기손상방지

(6) Reset

RS취급, PSoff, MCNoff−on, HCRNoff−on, 역전기F/R

(7) COR여자

고장표시등복귀, VCOL점등, 4/5출력

(8) 주변압기 고장으로 복귀불능 시

① ACOCR

② ArrOCR

③ MTAR ⇒ 완전부동취급

제2부

고압보조장치

VVVF 전동차 고압보조장치(SIV) 개요

제1절 VVVF 전동차 고압보조장치(SIV:Static Inverter)란?

- 고압의 전차선 전원만으로는 전동차의 저압회로(출입문, 객실등에 전원공급회로)에 바로 전원을 공급하여 사용할 수 없다.
- 고압의 전원이 저압회로로 곧바로 들어온다면 큰일이 난다. 대부분의 장치들이 고장나기 때문이다.
- 따라서 전차선에서 들어오는 전원으로 SIV를 가동하여 각종 기기가 요구하는 적절한 전원으로 변환시켜주는 장치가 필요하다.
- 이 장치가 고압보조장치인 SIV이다.

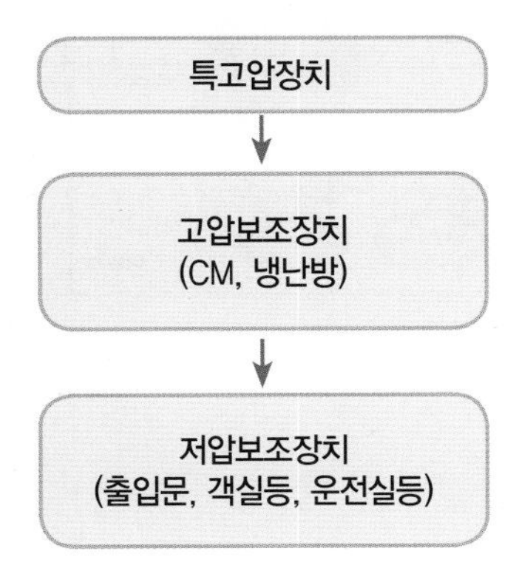

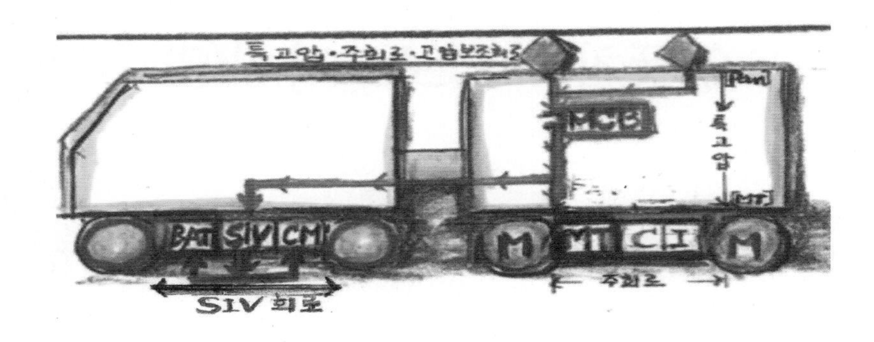
특고압·주회로·고압보조회로
Pan
MCB
특고압
MT
BAT
SIV
CM
M
MT
CI
M
주회로
SIV 회로

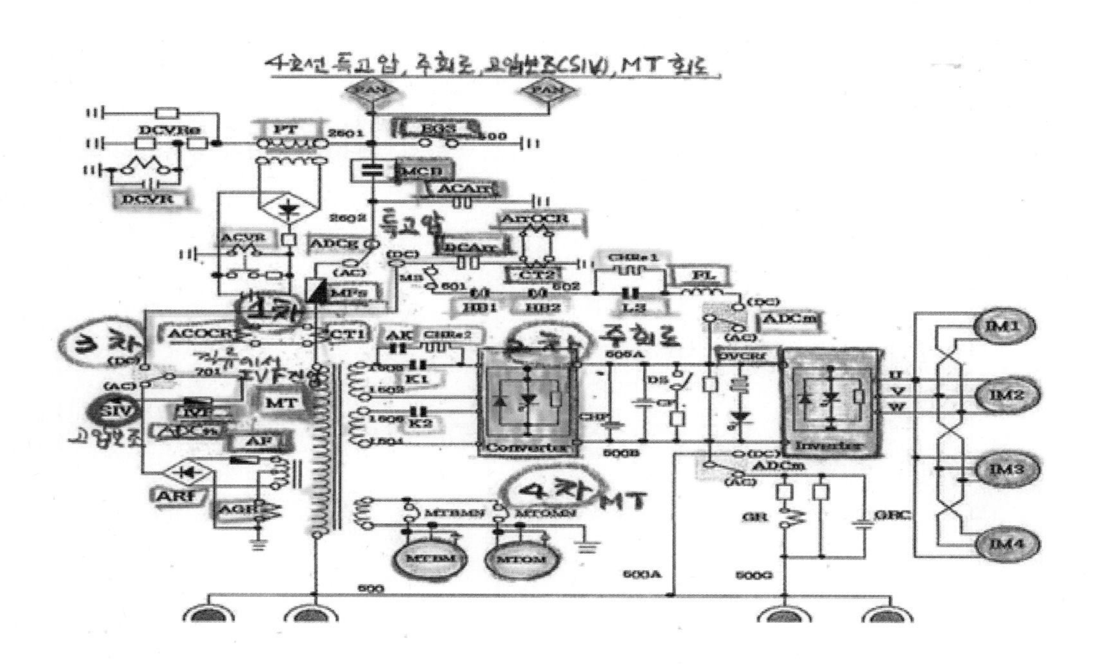
4호선 특고압, 주회로, 고압보조(SIV), MT 회로
PAN
PAN
DCVRe
PT
2601
BGS
600
MCB
ACArr
DCVR
2602
특고압
ArrOCR
ACVR
ADCg
DCArr
CHRe1
(AC)
(DC)
MS
601
CT2
602
FL
MFs
HB1
HB2
LS
(DC)
(AC)
ADCm
1차
ACOCR
CT1
AK
CHRe2
2차
주회로
3차
605A
701
MT
SIV
고압보조
ADCm
AP
ARf
AGR
K1
K2
Converter
Inverter
DS
606B
U
V
W
IM1
IM2
IM3
IM4
4차 MT
MTBMN
MTOMN
MTBM
MTOM
GR
GRC
500A
500G
600

[4호선 권선별(측별) AC 전원]

① 1차 권선: AC 2,5000V→특고압전원

② 2차 권선: AC 855V×2→주회로 전원(Converter)

③ 3차 권선: AC 1,770V→보조회로 전원(SIV)

④ 4차 권선: AC 229V→MTBM, MTOM 전원

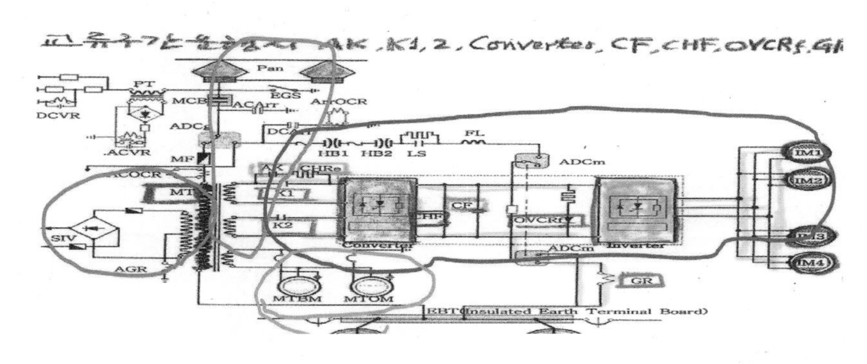

[SIV의 역할]

1. SIV에서 발생한 AC380V 60Hz를 CM구동 및 냉난방장치에 직접 공급한다.

2. 전원을 변환하여 점등장치와 저압회로에 공급한다.

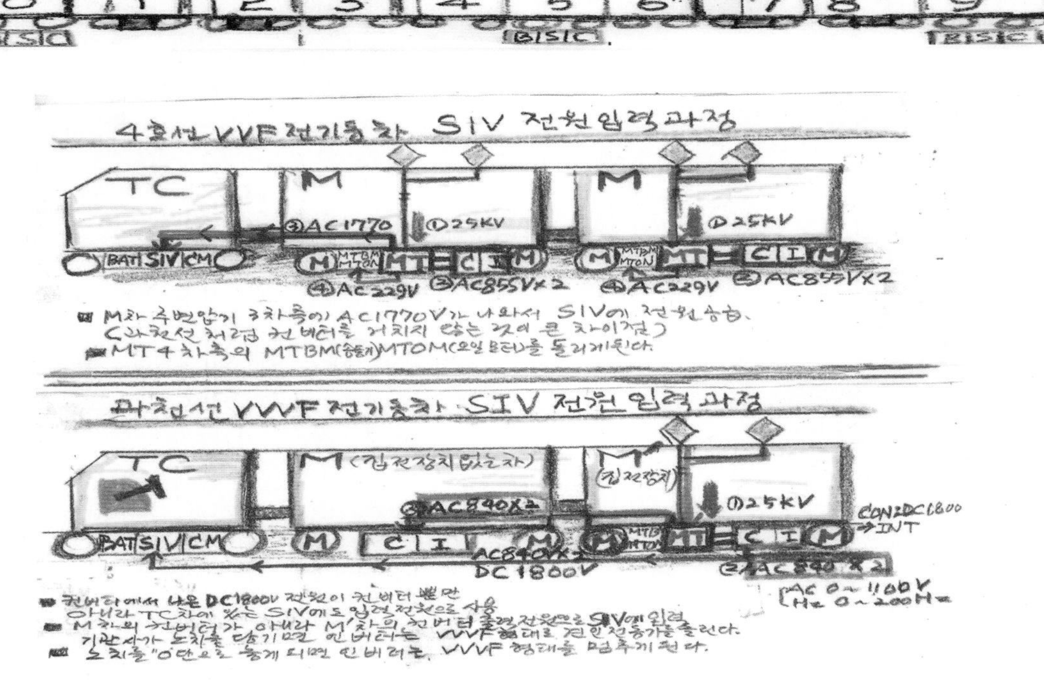

제2절 SIV 전원공급

1. 4호선 교직류구간 SIV 전원 흐름

(1) 4호선 교류구간 SIV 전원 흐름

◐ AC: ADCg → MFS → MT1차측 → MT3차측 → AF → ARf → ADCm → IVF → SIV

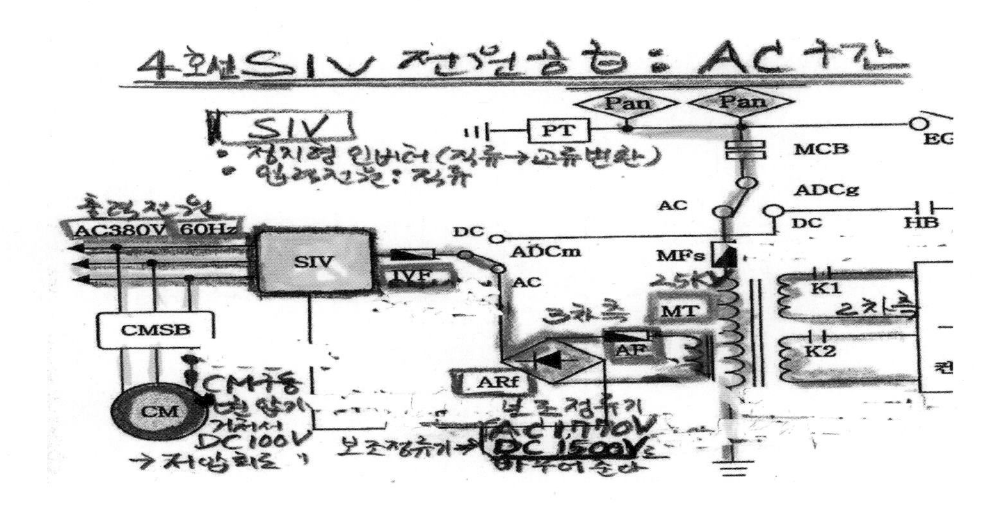

(2) 4호선 직류구간 SIV 전원 흐름

◐ DC: 전차선 → PAN → MCB → ADCg → ADCm → IVF → SIV(DC1500V)

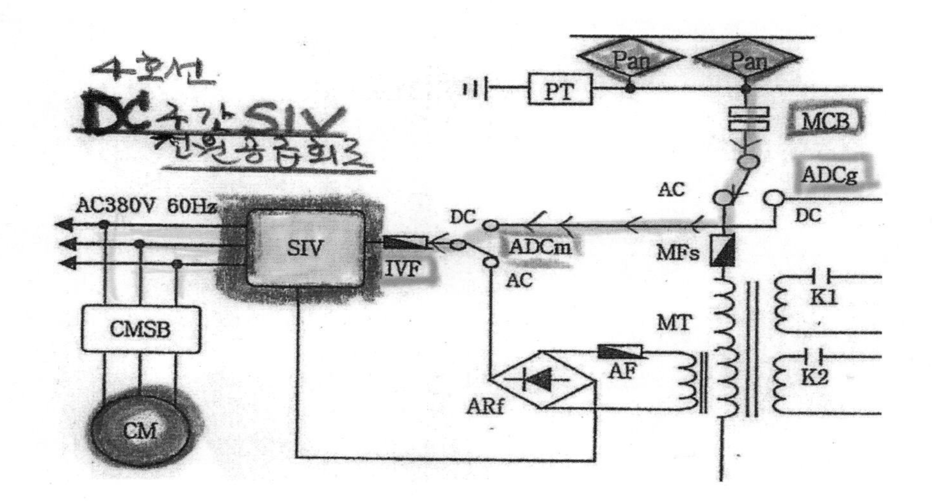

2. 과천선 교직류구간 SIV 전원 흐름

(1) 과천선 교류구간 고압보조회로 전원의 흐름

◑ 전차선(AC25kV) → 팬터그래프 → 주차단기 → 교직절환기(ADCg) → 주변압기2차측(AC 840V × 2) → 컨버터(DC1800V) → L3 → ADd2 → BF2 → SIV → 각종 부하 및 보조장치 가동

(BF(Buss Fuse) is used to interrupt overcurrent in an electrical circuit)

과천선 VVVF 전기동차 교류구간 특고압 회로 보조회로 전원(컨버터→SIV)

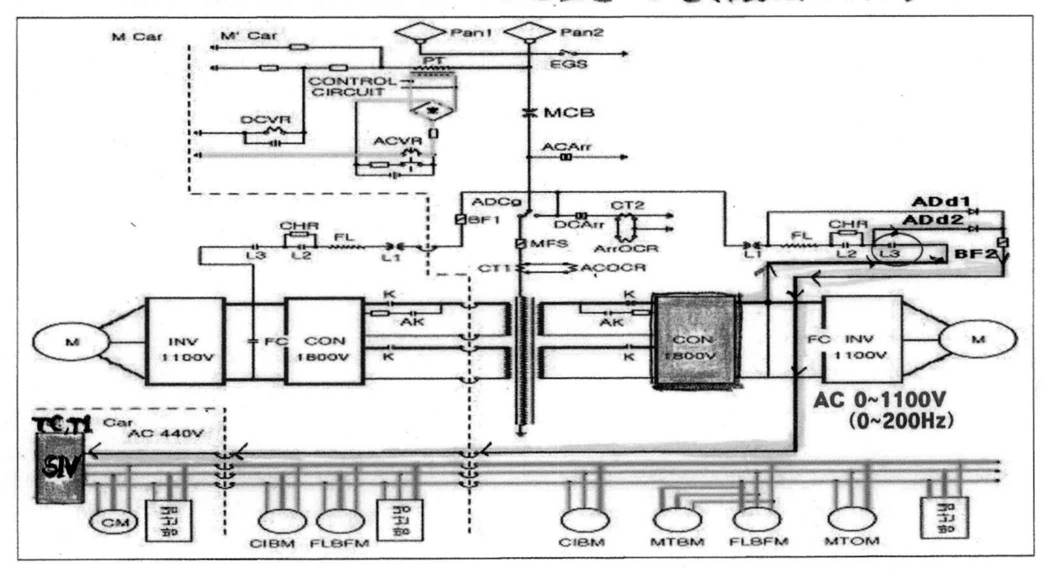

(2) 과천선 직류구간 고압보조회로 전원의 흐름

◑ 전차선(DC1500V) → 팬터그래프 → 주차단기 → 교직절환기(ADCg)

L1 → ADd1 → BF2 → SIV

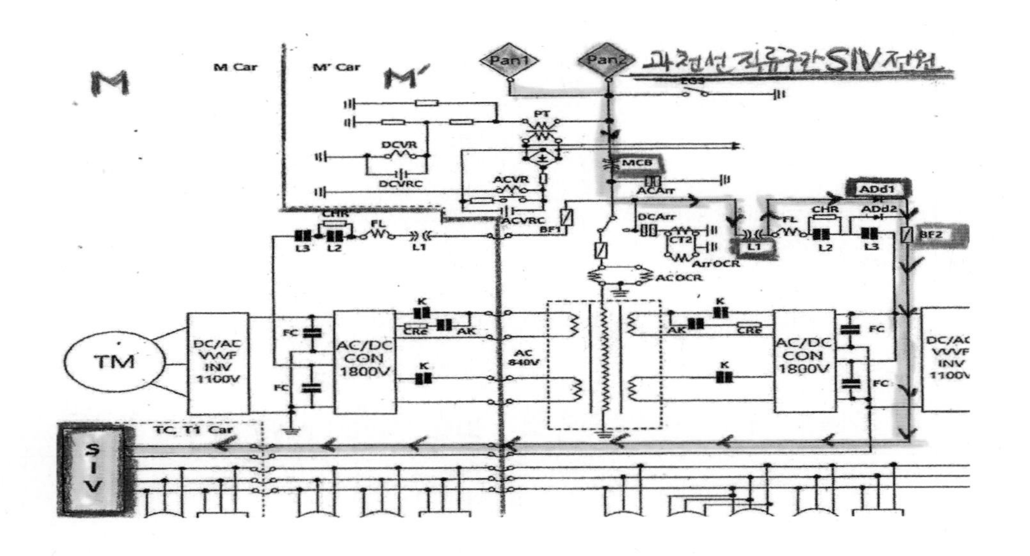

예제 다음 중 과천선 VVVF 전기동차 SIV의 특징에 관한 내용으로 틀린 것은?

가. 무보수화 및 경제성 제고 나. 고성능화

다. 소형, 경량화 **라. 저소음, 저효율**

해설 SIV의 특징

① 소형 경량화
② 고성능화
③ 고신뢰화
④ 고기능화
⑤ 저소음, 고효율
⑥ 무수보수화 및 경제성 제고

4호선 VVVF 전기동차 고압보조회로

제1절 4호선 VVVF 고압보조회로(SIV)

- 전차선에서 수전한 전원으로 SIV를 기동하여 각종 기가가 요구하는 전원(전기가 필요한 장치들)으로 변환
- AC380V, 60Hz(SIV의 출력전원)를 → CM(AC380V) 구동 및 냉난방 장치(AC380V)에 직접 공급, 전원을 변환해 점등 장치와 저압회로에 공급

[4호선 권선별(측별) AC 전원]

① 1차 권선: AC 2,5000V→특고압전원

② 2차 권선: AC 855V×2→주회로 전원(Converter)

③ 3차 권선: AC 1,770V→보조회로 전원(SIV)

④ 4차 권선: AC 229V→MTBM, MTOM 전원

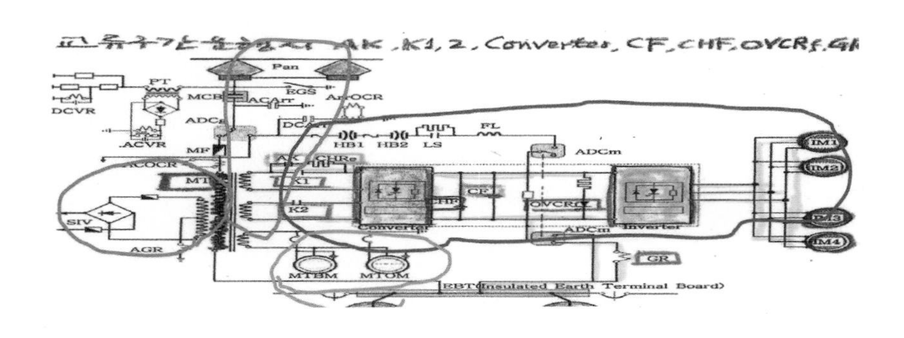

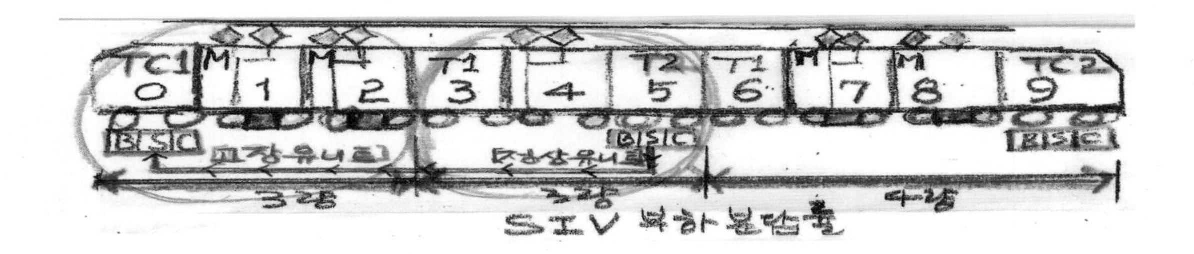

예제 **다음 중 고압보조장치에 관한 설명으로 틀린 것은?**

가. 직류구간(DC)에서 과천선 VVVF차량은 L1차단기를 통해서 SIV에 전원을 공급

나. 직류구간(DC)에서 4호선 VVVF차량은 ADCG, ADCM을 통해 SIV에 전원 공급

다. 교류구간(AC)에서 과천선 VVVF차량은 MT2차측 인버터를 통해서 SIV에 전원 공급

라. 교류구간(AC)에서 4호선 VVVF차량은 MT3차측을 통해 AC779V를 공급받아 ARF를 통해 정류를 해서 SIV에 공급

해설 과천선 VVVF차량은 교류구간(AC)에서 MT2차측 Converter(컨버터)를 통하여 SIV에 공급한다.

	과천선 VVVF	4호선 VVVF
AC 구간	전차선 → PAN → MCB → 교직절환기 → 주휴즈 → 주변압기 → PWM컨버터 → L3 → 역류저지다이오드(Add2) → 급전	전차선 → PAN → MCB → ADCg → ADCm → MFS → MT1차측 → MT3차측 → AF → ARf → ADCm → SIV(DC 1,500V)
DC 구간	전차선 → PAN → MCB → 교직절환기 → L1 → 역류저지 다이오드(Add1) → 급전	전차선 → PAN → MCB → ADCg → ADCm → IVF → SIV(DC 1,500V)

제2절 4호선 VVVF 정지형 인버터(SIV)

1. SIV 주요 사항

항 목		정 격
회로방식		G.T.O 2중 Chopper+PRT 12상 Inverter
제어방식		쵸퍼 PWM제어
냉각방식		자연냉각
정격용량		180KVA
입력	전 압	DC1500V
	성능보증범위	DC900V−1800V
교류출력	용 량	180KVA
	정 격 전 압	AC380V 3상
	정 격 주 파 수	60HZ
	과부하 내량	200% 1분간
제어전원	전 압	DC100V
	허용변동범위	DC70V−DC110V

[정지형 인버터(SIV)용량 및 출력 비교]

구분	정격용량	출력
과천선 VVVF 전기동차	(직류출력 200KW 포함)	AC440V 3상
4호선 VVVF 전기동차	180KVA	AV380V 3상

2. SIV 구성

▶ SIV 구성

① **입력부**: 전차선 전원 입력장치

② **쵸퍼부(Chopper)**

− 2중 쵸퍼장치(GT1, GT2)로 구성

− 인버터부에 일정한 전원을 공급

③ **인버터부(Inverter)**: 쵸퍼부의 DC1500V를 AC전원으로 변환

④ 출력부

AC380V 60Hz로 출력으로 각종 냉난방회로 및 CM전원과 저압회로에 공급

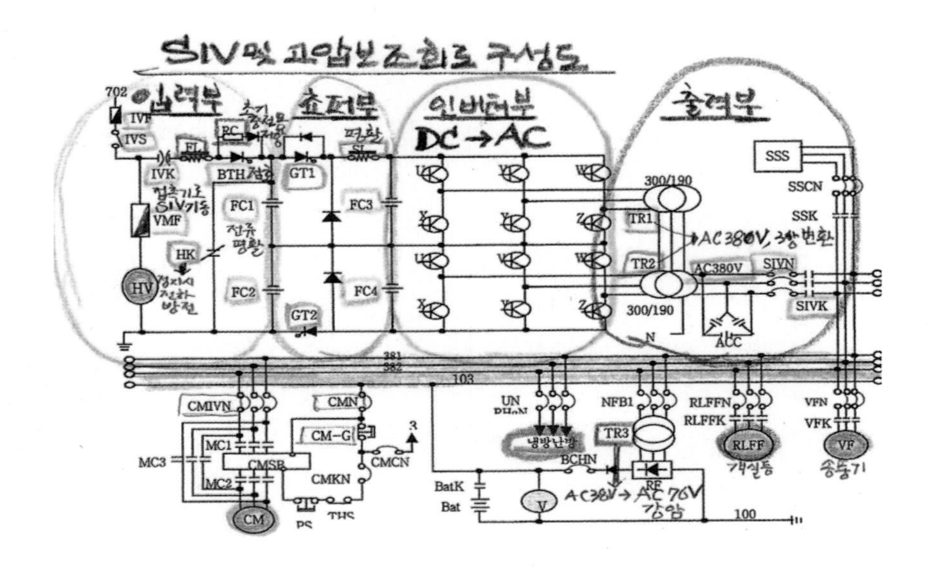

예제 다음 중 4호선 VVVF 정지형 인버터에 관한 설명으로 틀린 것은?

가. 인버터의 주요 구성은 입력부, 필터부, 인버터부, 제어회로부, 출력부로 나눌 수 있다.

나. 제어방식은 쵸퍼 PWM제어 방식을 채택하였고, 정격용량은 180KVA이다.

다. 인버터부에서는 인버터나 입력전원 이상 시 차단 동작을 하여 인버터를 보호한다.

라. 출력부에서는 AC440V 60Hz로 출력되어 각종 냉난방회로 및 CM전원과 저압회로에 공급된다.

해설 출력부에서는"AC380V 60Hz 로 출력"되어 각종 냉난방회로 및 CM전원과 저압회로에 공급한다.

3. SIV 구성회로

(1) SIV 구성회로 개요

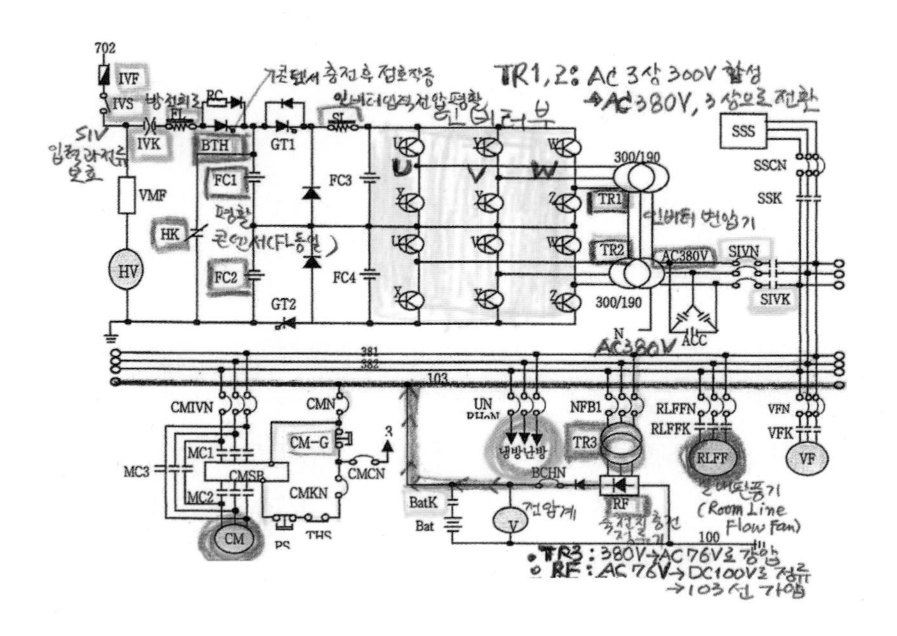

(2) SIV 중요 구성기기

① AF(Fuse for Aux. circuit: 보조회로휴즈): ARF의 입력 보호용 휴즈로 Fuse Box 내에 위치.

② ARF(Aux. Rectifier: 보조정류기): 교류구간 운행 시 정류기를 이용 AC1770V를 DC 1500V로 변환시킴.

③ IVF(SIV Fuse): SIV 입력 과전류 보호용으로 Fuse Box에 위치.

④ IVS: SIV 개방스위치로 동시에 방전회로를 형성.

⑤ IVK: SIV 주접촉기로 SIV 기동, 정지 시에 On, Off 상태

⑥ HK: SIV 정지 시 Condenser에 충전된 전하를 방전하여 안전 유도

⑦ FL(Filter Reactor: 평활 리액터): 가선에서 오는 고주파 전류 유출억제 및 Chopper 입력전압, 전류 평활

⑧ FC(Filter Capacitor: 평활 콘덴서): FL과 동일한 역할

⑨ RC(Resistor for Charging: 충전저항): 돌입전류방지용 초기 충전용 저항가능

⑩ BTH(Blocking Thyristor): 콘덴서 충전 후 입력전압이 확립되면 점호 작동

⑪ SL(Smoothing Reactor): 인버터부의 입력전압, 전류를 평활

⑫ TR1, 2(Output Transformer: 인버터 변압기): 인버터부 출력 AC 3상, 300V, 2조를 합성 AC 380V, 3상으로 변환

⑬ TR3(정류기용 변압기): AC 380V를 AC 76V로 강압

⑭ RF(충전 회로용 정류기): R3 출력을 DC 100V로 정류 103선에 가압 및 축전지 충전

⑮ 2중 Chopper부: CH1(=GT1), CH2(=GT2)

예제 다음 중 4호선 VVVF 전기동차 SIV의 구성기기에 관한 설명으로 틀린 것은?

가. SL은 인버터부의 입력전압, 전류를 평활한다.

나. HK는 SIV 정지 시 콘덴서에 충전된 전하를 방전하여 안전을 도모한다.

다. ARF는 교류구간 운행 시 정류기를 이용AC 1,770V를 DC1,500V로 변환시킨다.

라. TR1은 AC880V를 AC76V로 강압한다.

해설 TR1은 인버터부 출력 AC 3상 300V, 2조를 합성 AC380V 3상으로 변환한다.

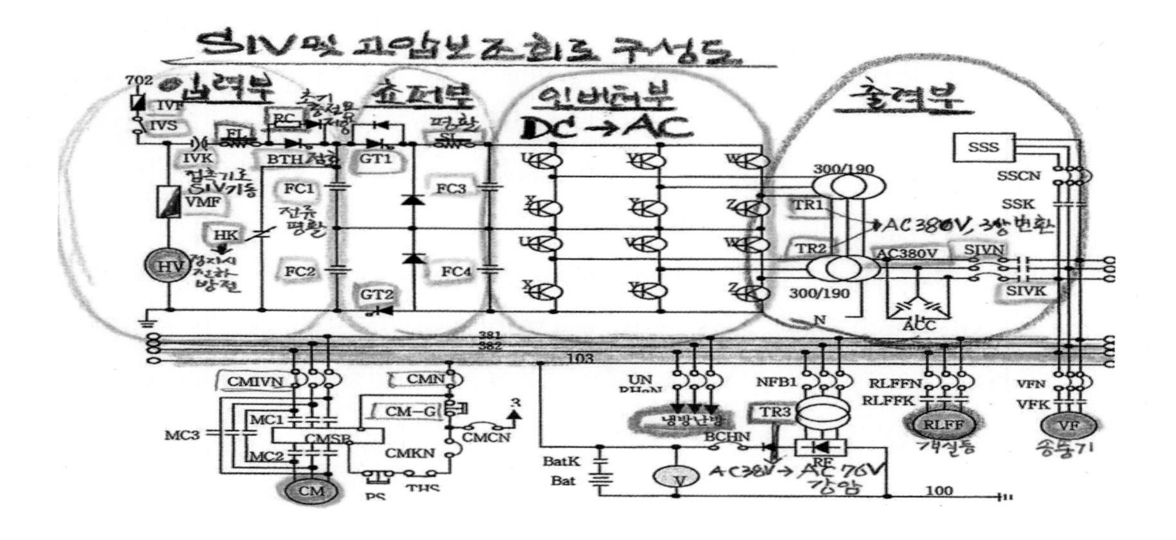

예제 **다음 중 4호선 VVVF 전기동차에서 SIV 정지 시 컨덴서에 충전된 전하를 방전하는 것은?**

가. SIVR　　　　　　**나. HK**

다. SL　　　　　　　라. IVS

해설 HK는 SIV 정지 시 컨덴서에 충전된 전하를 방전하여 안전을 도모하는 기기이다.

- SL:인버터입력전압 평활

예제 **다음 중 4호선 VVVF 전기동차의 SIV 장치에 관한 사항으로 틀린 것은?**

가. HK는 SIV정지 시 콘덴서에 충전된 전하를 방전하여 안전을 도모하는 접촉기이다.

나. SIVMFR이 여자되는 조건의 중고장 시 ASF, ASilp 등이 점등된다.

다. TR3은 AC380V를 DC100V로 바꾸는 장치이다.

라. 4호선 VVVF 정지형 인버터의 제어방식은 쵸퍼 PWM제어방식이다.

해설 TR3(정류기용 변압기)는 "AC 380V를 → AC76V"로 강압한다.

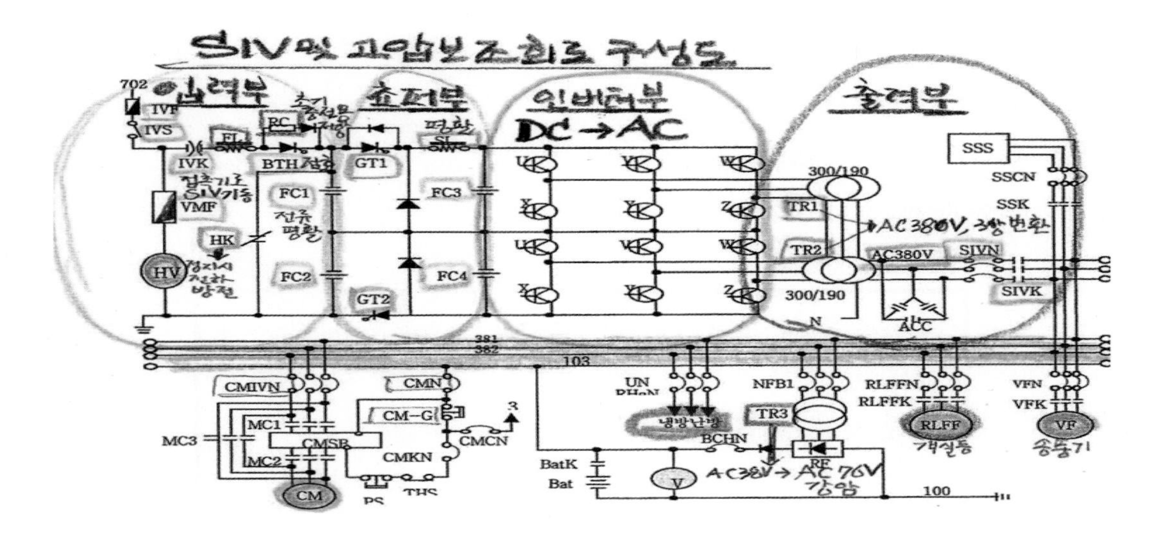

(3) SIV 보호동작

고장 시 자신을 보호하기 위하여 동작

■ 경고장(SIV 가벼운 고장 시)

IVK: SIV 주접촉기로 SIV 기동, 정지 시에 On, Off 상태

IVF(SIV Fuse): SIV 입력 과전류 보호용으로 Fuse Box에 위치.

① ASF (운전실 내 보조회로 고장표시등)에 점등되지 않은 고장

② 고장신호 입력 → IVK차단 (IVK: SIV 주접촉기 가동, 정지 시에 On, OFF)
→ HK(HK:SIV정지 시 충전전압 방전(충전전압을 모두 빼준다)) 소자(투입됨) → SIV정지

③ 3초 후 자동 재기동(자동 Reset포함)

④ 60초 감시 Timer 동작 (다시 경고장이나 중고장이 났는지 감시)

⑤ 60초 이내 재고장 시 → 중 고장(SIVMFR(중고장 계전기)여자로 “아! 더 이상 경고장이 아니구나!! 중고장이므로 취급해야겠네!” ASF(보조회로고장 등)점등) → 1차 Reset 및 불능 시 연장 급전(ESPS: SIV가 고장이므로 인접 유니트의 SIV전원으로부터 고장유니트의 필요한 전원을 공급받는다) 취급
→ 연장급전 불능 시 고장차의 SIVCN OFF(연장 급전스위치를 취급하는 것과 고장차에 있는 SIVCN OFF를 시키는 것이 같은 효과)

⑥ 60초 이후 발생 시
→ 경고장 간주 → 3초 후 자동 재기동
(자동 Reset포함) → 60초 감시 Timer 동작

〈4호선 VVVF 전기동차 SIV보호항목 (경고장)〉

① 초 (쵸파 과전류·과전압)
② 인 (인버터 과전류·과전압)
③ 출 (출력 과전류·과전압)
④ 근 (콘덴서분압이상)
⑤ 출 (출력 저전압)
⑥ 제 (제어전원이상)

예제 다음 중 4호선 VVVF 전기동차의 SIV보호항목에서 경고장 조건에 해당하지 않는 것은?

가. 제어전원 이상　　　　나. 출력 저전압

다. 입력전원 이상　　　　라. 콘덴서 분압 이상

해설 [4호선 VVVF 전기동차의 SIV보호항목 (경고장)]- 쵸파 과전류, 쵸파 과전압, 인버터 과전류, 인버터 과전압, 출력 과전류, 출력 고전압콘데서 분압이상, 출력 저전압, 제어전원이상

[4호선 VVVF 전기동차의 SIV보호항목 (중고장)]

- AF 융단, IVF 융단, 배터리충전이상, 온도상승이상, 입력전원이상

〈SIV 보호항목(경고장)〉

- 과전류 및 과전압(쵸퍼, 인버터, 출력)시
- 콘덴서 분압이상 시
- 출력 저전압 시
- 제어전원이상 시

〈SIV 보호항목(중고장)〉

- AF융단 시(융단: 끊어지다)
- IVF융단 시
- 배터리 충전이상 시
- 온도상승이상 시
- 입력전원이상 시

■ **중고장(SIV 심한 고장 시)**

- SIV 중고장 조건으로 처리될 경우 → 더 이상 SIV는 기동하지 않음.
  경 고장 발생 후 감시시간(60초) 내에 재차 경고장 발생 시
- 중 고장 조건에 해당하는 SIV 보호항목의 고장 발생 시 SIV는 중고장 조건으로 처리되어 IVK(IVK:SIV 주접촉기 가동, 정지 시에 ON, OFF), HK(HK: SIV정지 시 충전전압 방전) 이하 신호를 차단하여 SIV정지
- 이때 SIVMFR(중고장 계전기) 여자 조건인 경우 → 고장표시등(ASF(운전실 내 보조회로 표시등), ASLP(차측점등))을 점등하고 ESPS 취급으로 연장급선

■ SIV 보호항목

보호항목	비고	보호항목	비고
쵸파 과전류	경고장	출력 저전압	경고장
인버터 과전류	경고장	제어전원이상	경고장
출력 과전류	경고장	AF 융단	경고장
쵸파 과전압	경고장	IVF 융단	경고장
인버터 과전압	경고장	밧데리 충전이상	경고장
출력 과전압	경고장	온도상승이상	경고장
	경고장	입력전원이상	경고장

– AF 융단: 정류기로 들어가는 길목에 있는 보조휴즈가 끊어지면 중고장

– IVF융단: (IVK:SIV 주접촉기 가동, 정지 시에 ON, OFF 휴즈) IVF 휴즈가 끊어지면 중고장

〈4호선 VVVF 전기동차의
SIV보호항목(중고장)〉

1. AI(AF 융단, IVF 융단)
2. BAT(배터리충전이상)
3. T(온도상승이상(Temperature))
4. V(입력전원(Voltage) 이상)

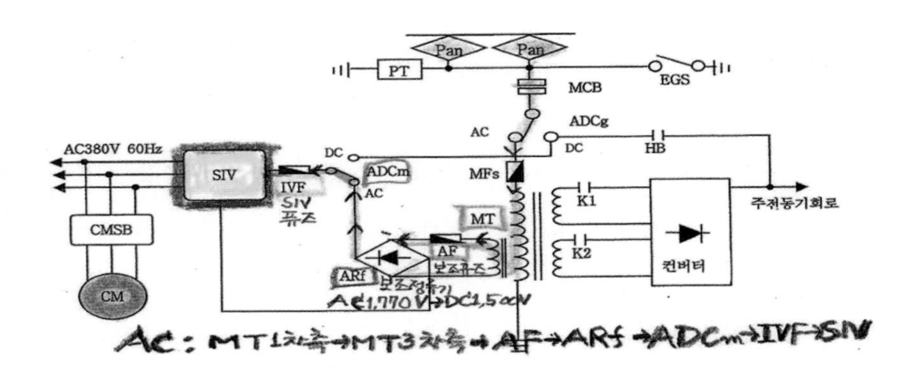

예제 다음 중 4호선 VVVF 전기동차의 MCB가 투입되면 SIV 기동지령 및 ACM기동회로를 차단하는 역할을 하는 계전기는?

가. SIVSR　　　　나. MCBR2

다. MCBR1　　　　**라. AMAR**

해설 보조기기 적용계전기(AMAR)에 대한 설명이다.

제3절 전동공기 압축기(CM:Compressor Motor)

1. 전동기압축기 개요

- 전동차는 제동장치, 출입문제어, 운전제어 등에 압력공기가 필요하므로 대용량의 공기압축기가 필요
- CM은 SIV에서 발생된 AC 380V전원으로 구동하는 유도 전공기
- 4호선은 자체 기동장치(CMSB)에서 VVVF 인버터에 의한 제어(Soft Start: VVVF(가변주파수) 방식에 의하여 Soft Start)를 하여 주접촉기(MC)를 보호

자료: 한국철도학회

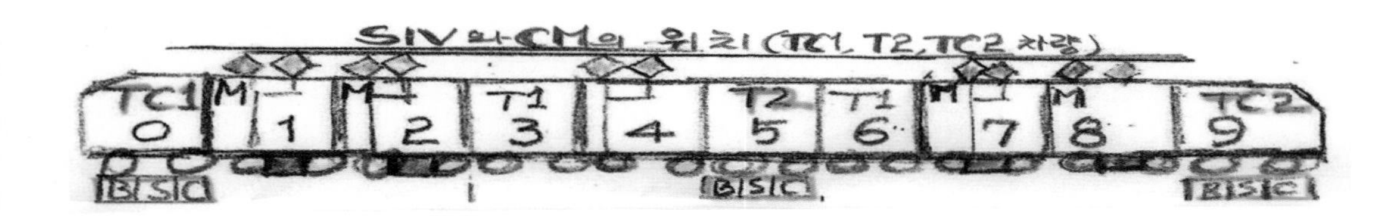

- 압축기도 SCREW형으로 기존 실린더 압축 방식보다 토출 시 진동이 없고 10Kg/㎠까지 1단 압축 가능
- CM은 CM−G(Compressor Motor Governor: 공기압축기 조압기)와 동기구동회로에 의하여 구동(10량 편성에 TC,TC,TC2차에 모두 3개의 CM이 설치: 이 3개는 1개가 동작하면 나머지 2개도 같이 동작하고 같이 꺼지게끔 되어 있다) CM은 1개가 공기압축 동작하면 나머지 2개도 연달아 동작하여 빠르게 공기를 만들어줄 수 있어야 한다.
- CM−G(공기압축기 조압기) 조정압력은 8~10Kg/㎠(8kg 이하가 되면 CM−G를 계속 작동하여 CM에 공기를 넣어주고, 10kg가 넘으면 CM−G를 떨어트려 CM작동을 멈추게 한다)

예제 **다음 중 4호선 전동차의 CM CM-G 용착 시 차단해야 하는 차단기는?**

가. CMGN 나. CMCN

다. CMN 라. CMIVN

해설 4호선 CM-G 용착 시 "CMN 을 차단"해야 한다.

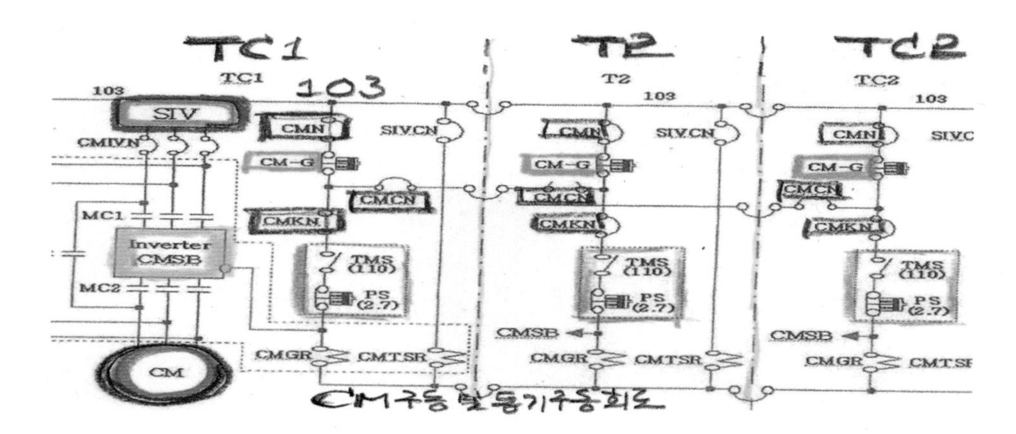

2. CM구동 및 고장 시 조치

(1) 정상 기동 시

① SIV 기동전원 발생 3초 후 2개 접촉기 MC1, MC2(Magnetic Contactor) 투입

② CM－G가 ON 동작하여 인버터(Inverter)를 제어하여 CM을 구동

③ MR 압력 10Kg/㎠ 이상 시 CM－G가 OFF되어 CM이 정지

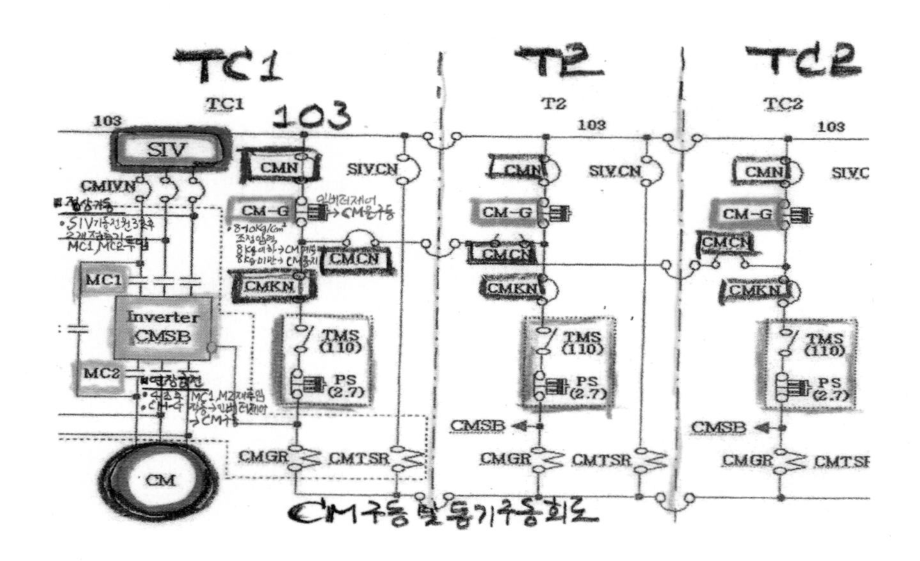

(2) 연장급전 시

① 4초 후 MC1, MC2가 재투입

② CM－G가 ON 동작하여 인버터(Inverter)를 제어하여 CM을 구동

③ MR 압력 10Kg/㎠ 이상 시 CM－G가 OFF되어 CM이 정지

(3) CM기동 장치(CMSB) 고장 시

① TGIS(기관사가 각종기기 상태를 볼 수 있는 운전실 내의 모니터 장치)에 “CM 고장” 현시

② 5초 후 자동 By－Pass 운전시행(인버터를 통해 가변접압가변주파수 형태로 서서히 CM을 동작하는데, 이 인버터를 거치지 않고 By－Pass하여 SIV출력 전원으로 가서 직접 CM을 구동시키는 것)

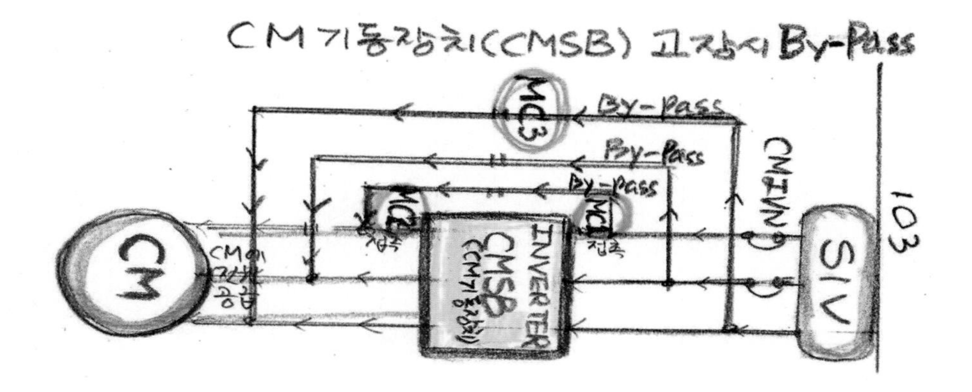

③ CM－G와 MC3에 의하여 CMSB(CM: Magnetic Contactor기동장치)를 거치지 않고 직접 구동

④ 인버터가 없음으로 해서 CM초기 다단식(가변주파수)에 의한 회전수 증가가 안 되고, Soft 제어 불가능(기동부터 고속회전이 들어가면서 충격이 발생할 수 있고, CM성능은 다소 떨어지겠지만)하지만 고장 상황에서 어쨌건 CM은 가동시킬 수 있다.

(4) 보호 장치

- CMN, CMCN, CMKN, CMIVN 차단기
- CMLVR(공기압축기 리엑터)(SIV출력 AC320V 이상 시 여자, AC280V 이하 시 무여자)
- Inverter AC출력 800V 이상 시
- 15ms 이상 정전 시
- 압축기 과온 TMS(110°C 이상)시
- 압축기 내 압력 상승(PS: 2.7 Kg/㎠ 이상)시

(5) 고장 조치

(가) TGIS 현시에 의한 1개 CM 고장 시

① TGIS확인 By－Pass 회로 구성이 확인되면 전도운전(그대로 운전하면 된다)

② TGIS확인 By－Pass 회로 구성 불능이면 해당 차 차단기 확인하고 차량 교환 역까지 주의운전(1개 고장나면 나머지 2개 살아 있기 때문에)

(나) CM 2대가 고장 시(조금 위험한 단계: CM1대만으로 제동장치 출입문장치를 제어)

① MR충기(공기압력) 상태를 확인하며 주의 운전

② 운전관제 (관제센터)와 협의하여 회송(승객들을 모두 내리게 하고 빈차로 차량기지로 들어간다) 및 차량 교환 조치

예제 **다음 중 4호선 VVVF 전기동차의 전동공기 압축기에 관한 설명으로 맞는 것은?**

가. 연장급전 시 5초 후에 접촉기가 재투입되어 구동하며 CM-G에 의해 구동과 정지를 제어한다.

나. SIV에서 발생된 DC380V 전원으로 구동하는 전동기를 사용한다.

다. CM보호동작을 하는 차단기는 CMN, CMCN, CMKN, CMIVN, CMGN이 있다.

라. CMCN을 각각 ON 취급하면 동기구동회로가 구성되어 CM을 동시에 구동하고 동시에 정지한다.

해설 CMCN을 ON 취급하면 동기구동회로가 구성되어 CM을 동시에 구동하고 동시에 정지한다.

예제 **다음 중 4호선 VVVF 전기동차의 CM 보호 장치에 관한 설명으로 틀린 것은?**

가. 저전압 계전기인 CMLVR이 AC320V 이하 시 소자되어 CM이 정지한다.

나. 15ms 이상 정전 시 보호동작을 한다.

다. CMSB장치의 AC출력이 800V 이상 시 보호동작을 한다.

라. 압축기 내 압력이 2.7kg/㎠ 이상 시 보호 동작을 한다.

해설 CM저전압 계전기인 CMLVR은 AC320V 이상 시 여자, AC280V 이하 시 소자한다.

예제 **다음 중 4호선 VVVF 전기동차의 전동공기 압축기(CM)에 관한 설명으로 맞는 것은?**

가. 연장급전 시 5초 후에 접촉기가 재투입되어 구동하여 CM-G에 의해 구동과 정지를 제어한다.

나. SIV에서 발생된 DC380V 전원으로 구동하는 전동기를 사용한다.

다. 보호동작을 하는 차단기는 CMN, CMCN, CMKN, CMIVN, CMGN이 있다.

라. CMCN을 ON 취급하면 동기구동회로가 구성되어 CM을 동시에 구동하고 동시에 차단한다.

해설 가. 연장급전 시 4초후 MC1, MC2가 재투입되고, CM-G가 ON 동작하여 인버터을 제어하여 CM을 구동하고 MR압력 10Kg/cm^2 이상 시 CM-G가 OFF되어 CM이 정지된다.

나. SIV에서 발생된 AC380V전원으로 구동한다.

다. 보호동작 하는 차단기는 "CMN, CMCN, CMKN, CMIVN이 있다.

제4절 냉난방 장치

[4호선 ADV 전동차의 냉난방 장치의 특징]

- SIV에서 출력되는 AC 380V 60Hz의 전원을 사용
- CHIR을 설치하여 후부에서만 취급이 가능

> • LCAK(Load Control Aux. Contactor): 부하제어보조접촉기
> • CHIR(Cooler Heater Interlock): 냉난방인터록계전기

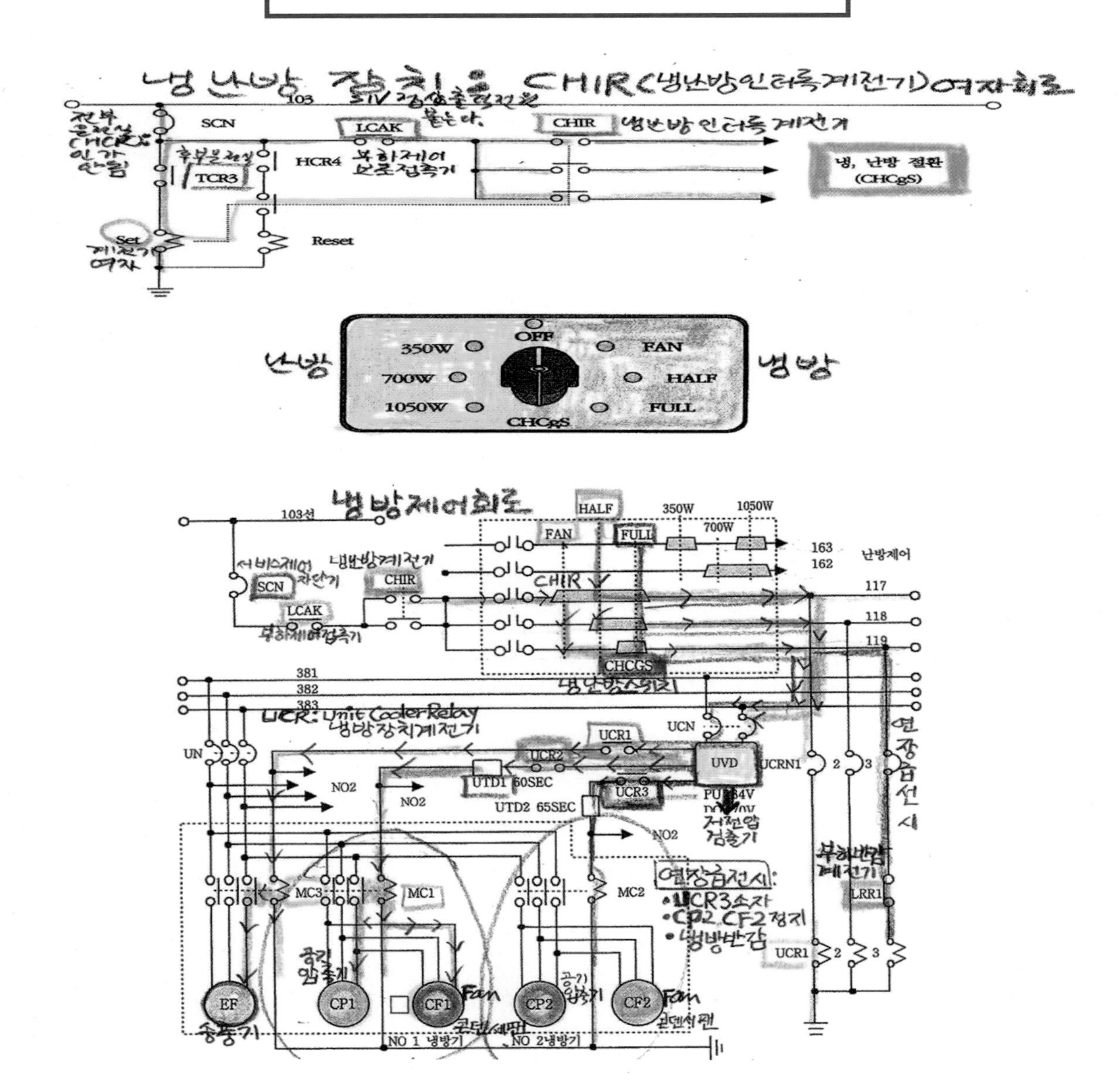

1. 냉방장치

스위치를 오른쪽의 Fan으로 돌리면 어떤 일들이 벌어질까?

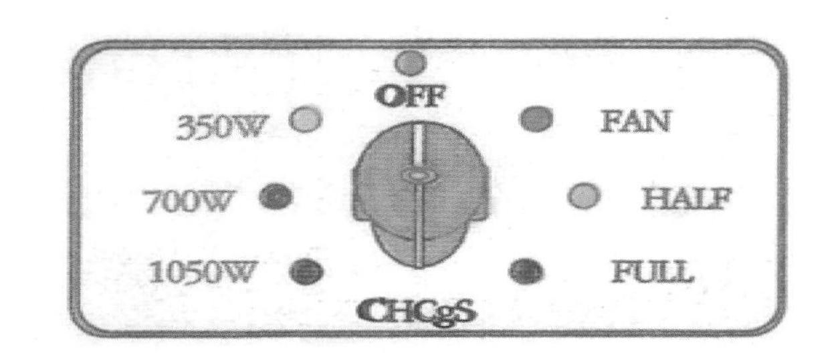

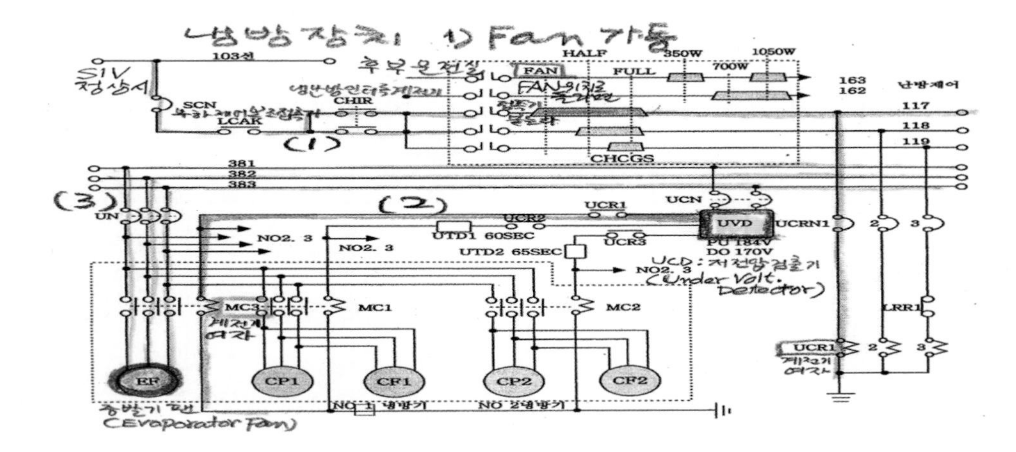

(1) FAN 위치

① ◑ 103 → SCN → LCAK(a) → CHIR(a) → CHCgS(FAN) → UCR1여자

② ◑ UCR1 → MC3 → EF(송풍기 작동)

(2) HALF 위치

① ◑ CHCgS에 의해 UCR

1, 2여자

② ◑ UCR1 → MC3 연동에 의거 EF(송풍기 작동)

③ ◑ UCR2 → UTD1(60초 후) → MC1에 의해 → CP1(Compressor), CF1(콘덴서 팬)동작

– UCR(Unit Cooler Relay: 냉방장치계전기)

(3) FULL 위치

① ◑ CHCgS에 의해 UCR1, 2, 3여자

② ◑ UCR1 → 송풍가동

③ ◑UCR2 → CP1, CF1 가동

④ ◑ LRR1(b) → UCR3 → UVD2 동작(65초 후) → MC2에 의해 → CP2, CF2 가동
연장급전을 할 경우 UCR3소자로 CP2, CF2 정지되어 냉방은 반감된다.
(LRR: Load Reduction Relay)

[냉방장치(1차량당 에어컨 2대 설치) HALF, FULL 위치]

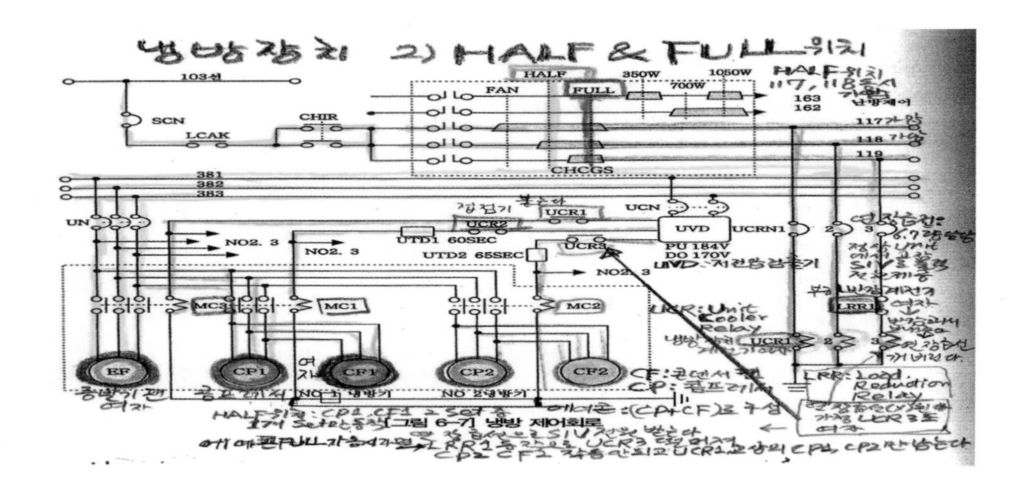

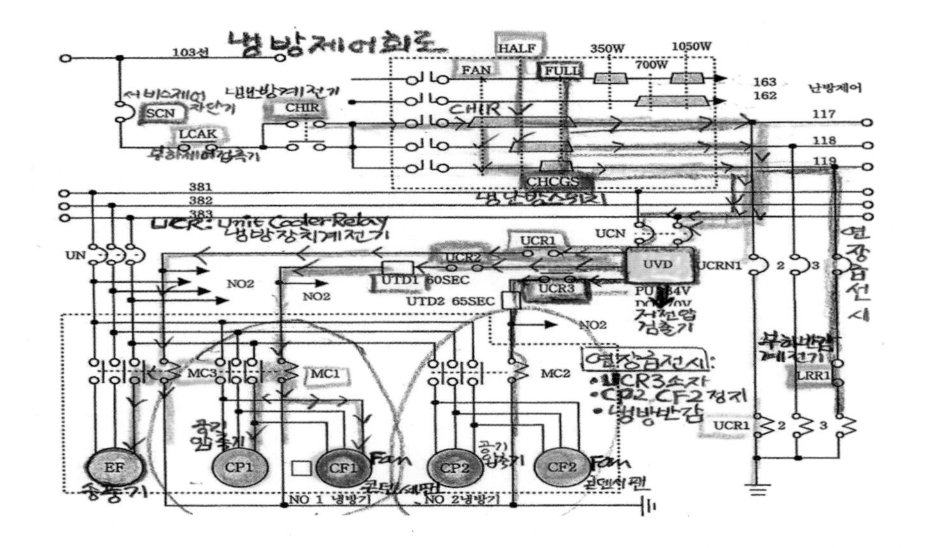

예제 **다음 중 4호선 VVVF 전기동차 냉방장치 관한 설명으로 맞는 것은?**

가. 27.1°C 이하 시 전 냉방을 구동한다.

나. 냉방장치 용량은 1량에 42,000Kcal/h이다.

다. 냉방기능, 제습기능, 환기기능, 공기청정 기능을 한다.

라. 객실 송풍기는 난방과 상관없이 후부운전실에서 취급가능하다.

해설 가. 27.1°C이상이 되면 CP2, CF2를 구동, 전냉방된다.

나. 냉방장치 용량은 1량당 21,000Kcal/h이다

라. 객실 송풍은 "난방을 취급하지 않는 조건"에서 후부운전실에도 취급가능하며, LFFCN을 취급하면 각 차량당 송풍기가 동작한다.

2. 난방장치(Heater)

[객실 난방장치 가동방식]

① 냉방장치와 같은 전원과 방식으로 가동

② 운전실에서 CHCgS를 난방위치로 취급 시 가압 방식

(1) 350W 취급시: 163선 가압(회로에 LRR1설치 부하감) → RHeR2

(2) 700W 취급시: 162선 가압

→ RHeR1

(3) 1050W 취급시: 163선, 162선 가압됨

(4) 운전실 난방회로: 운전실 CabHeN 취급 → 운전실 난방 750W 2개 가열

※ 연장 급전시 350W은 LRR1(b)이 여자되어 취급해도 가열되지 않음.

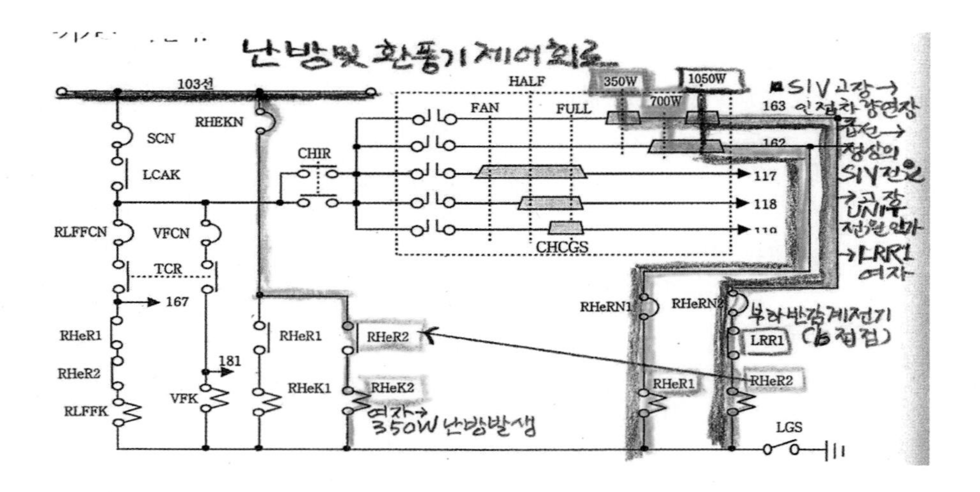

(가) 난방위치(350W)취급 시

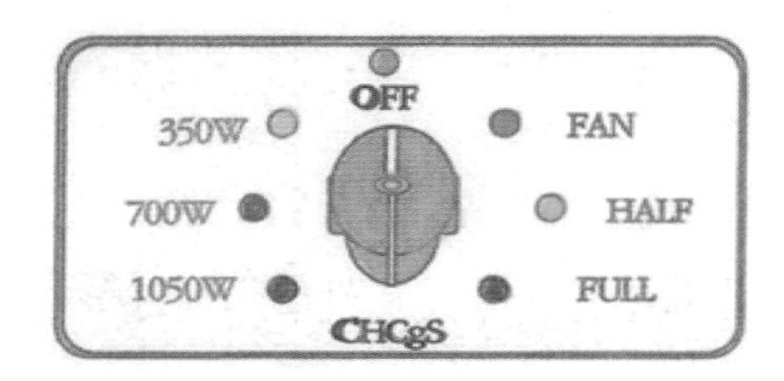

〈용어설명〉

- LCAK: 부하제어보조접촉기
- CHIR: 냉난방인터록 계전기
- CHCgS(Cooler, Heater, Change Switch): 냉난방절환스위치
- LRR1, 2(Load Reduction Relay): 부하반감계전기
- RHeK1, 2: 객실 히터접촉기 1, 2
- RHeR(Room Heater Relay): 객실히터계전기
- RLFF 1-6(Room Line Flow Fan 1-6): 실내환풍기 1-6
- RLFFK(RLFF Contactor): 실내환풍기 접촉기
- RLFFN: 실내환풍기 차단기

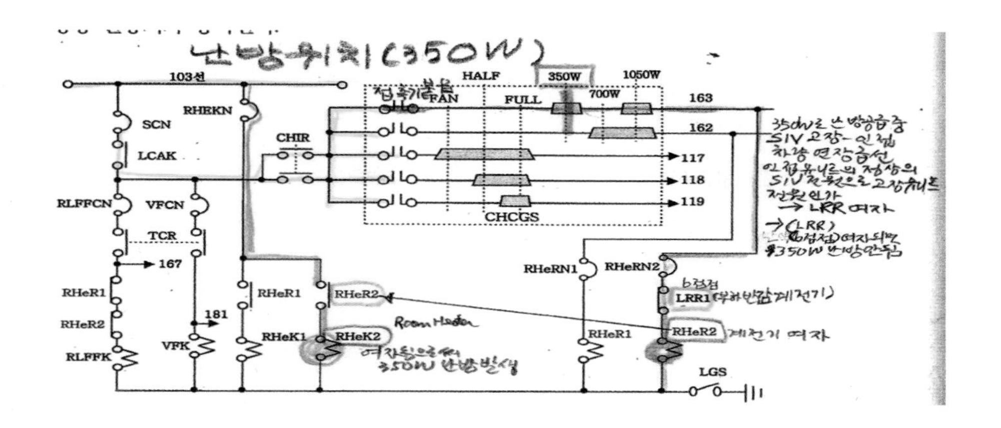

(나) 난방위치(700W, 1050W)취급 시

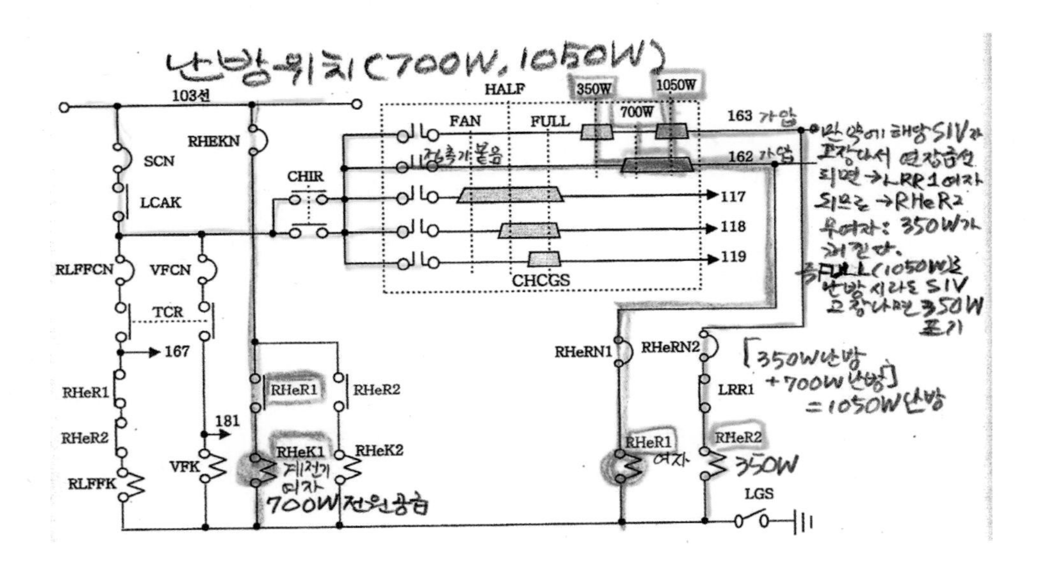

예제 다음 중 4호선 VVVF전기동차 연장급전 취급 후의 현상으로 틀린 것은?

가. 고장 및 급전 Unit의 객실등이 반감된다.

나. 고장 및 급전 Unit의 냉방이 반감된다.

다. 전 차량 350W 난방이 되지 않는다.

라. SIVMFR이 여자된 차량의 SIVCN은 자동 차단된다.

해설 [4호선 VVVF 연장급전 취급 후의 현상]

① SIVMFR(또는 MCBR2)이 여자된 차량의 SIVCN이 자동 차단
② 고장차에 AC380V가 재공급되고 4초 후 CM 재기동
③ 고장 및 급전 UNIT의 객실등, 냉방 반감
④ 고장 및 급전 UNIT 350W난방 사용 불가

예제 **다음 중 과천선 VVVF차량 SIV 및 연장급전에 관한 설명으로 맞는 것은?**

가. SIV는 지붕 위에 설치되어 있다.

나. SIV 중고장시 해당차에서 IVCN을 직접 OFF시켜야 한다.

다. 연장급전시 객실등 및 냉난방장치에서 반감과 관련된 계전기는 LRR1, 2이다.

라. SIV 입력전원 고장 시 ESPS로 연장급전 가능하다.

해설 가. Tc, T1 차 아래에 있다.

나. SIV 중고장시 “ESPS를 취급하면 해당차 IVCN이 차단”

라. SIV 입력전원고장은 “SIV 경고장”으로 조치방법은 “원인제거 및 MCBOS - RS - 3초 후 - MCBCS를 취급한다” 이것이 불가능 할 경우 해당차 IVCN OFF 한다.

예제 **다음 중 과천선 VVVF차량 냉난방 장치에 관한 설명으로 틀린 것은?**

가. 연장급전 후 CHCgS난방 1050W위치에서 700W 난방이 이루어짐

나. 연장급전 후 CHCgS난방 700W위치에서 700W 난방이 이루어짐

다. 전체 냉난방이 이루어지지 않을 때 TC차의 SCN을 확인

라. 냉난방을 모니터장치로 자동취급시 CHCgS를 ON 위치에 두고 모니터로 온도를 조정하면 된다.

해설 - 냉난방 자동취급시 “절환스위치(CHCgS)OFF 위치의 모니터 화면에서 제어 가능”

- CHCgs는 연장급전시 동작하는 냉난방 장치

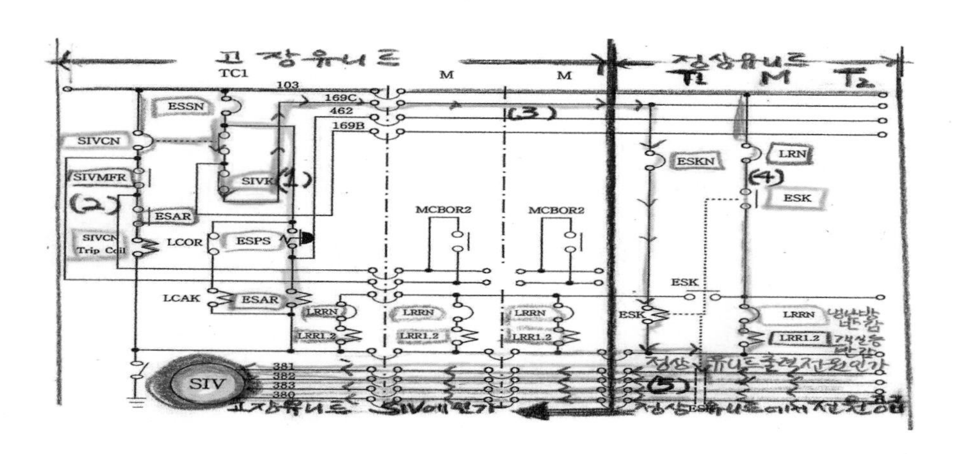

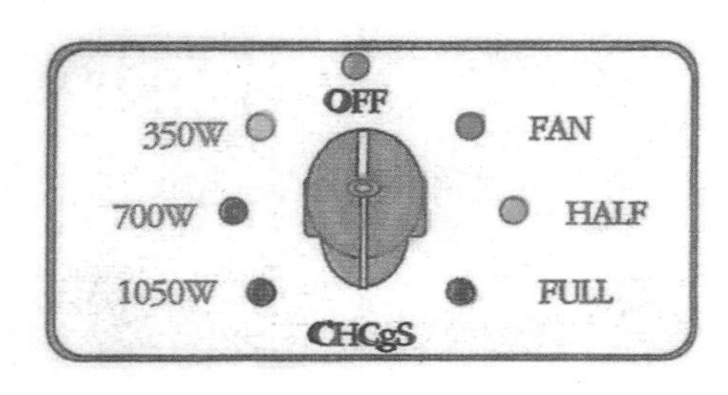

예제 다음 중 과천선 VVVF차량 냉난방 장치의 선택모드에 해당되지 않는 것은?

가. 전난방　　나. 전냉방

다. 1/3난방　　**라. 반난방**

해설 [과천선 냉난방 선택모드종류]

- 350W난방, 700W 난방, 1050W난방, OFF
- 팬, 반냉방, 전냉방모드
- 1050W 위치: 각 차 냉난방제어기 → RHeK1, 2 ON → 700W, 350W 히터 동작

예제 다음 중 과천선 VVVF차량의 난방제어스위치 위치별 설명으로 맞는 것은?

가. 1050W 위치: 각 차 냉난방제어기 → RHeK1, 2 ON → 700W, 350W 히터 동작

나. 700W 위치: 각 차 냉난방제어기 → RHeK1, 2 ON → 700W 히터 동작

다. 1050W 위치: 각 차 냉난방제어기 → RHeK3 ON → 1050W 히터 동작

라. 350W 위치: 각 차 냉난방제어기 → RHeK2 ON → 350W 히터 동작

해설 –1050W 위치: 각 차 냉난방제어기 → RHeK1, 2 ON → 700W, 350W 히터 동작

예제 **다음 중 과천선 VVVF 전기동차냉난방장치에 관한 설명 중 틀린 것은?**

가. 냉난방제어는 수동제어와 자동제어가 가능하다.

나. 냉난방절환스위치는 6단계로 전편성 총괄제어가 가능하다.

다. 냉난방제어는 TC차 운전실에서 설치된 냉난방절환스위치에 의해 제어된다.

라. 냉난방이 비정상적일 때는 각 차에 설치된 냉난방제어로 개별제어가 가능하다.

해설 [냉난방절환스위치는 7단계로 구성]

① 350W난방, ② 700W난방, ③ 1050W난방, ④ OFF, ⑤ 팬, ⑥ 반냉, ⑦ 전냉방모드

예제 **다음 중 과천선 VVVF차량의 냉난방장치 설명 중 맞는 것은?**

가. 냉방장치는 연장급전시 CHCgS FAN 위치에서 FULL이 동작된다.

나. 냉방장치는 연장급전시 CHcgS FULL 위치에서 FAN만 동작한다.

다. 냉방장치는 후부 및 전후에서 조절한다.

라. 냉난방장치에 이용되는 전원은 AC440V, DC100V, AC100V이다.

해설 가. 냉방장치 연장급전시 "CHCgS FAN 위치는 FAN 동작"

나. 냉방장치 연장급전시 "CHCgS FULL 위치는 HALF 동작"

다. 냉난방장치 모두 TC차 운전실에서 조절 가능하다.

3. 객실 송풍 및 환풍 장치

(1) 객실 송풍기

- 송풍기는 객실 내에서 바람을 내보내는 장치이고, 환풍기는 공기를 급기와 배기시키는 장치
- 객실 송풍은 난방을 취급하지 않는 조건에서 후부운전실에서 취급이 가능
- RLFFCN을 취급하면 각 차량당 송풍기가 동작

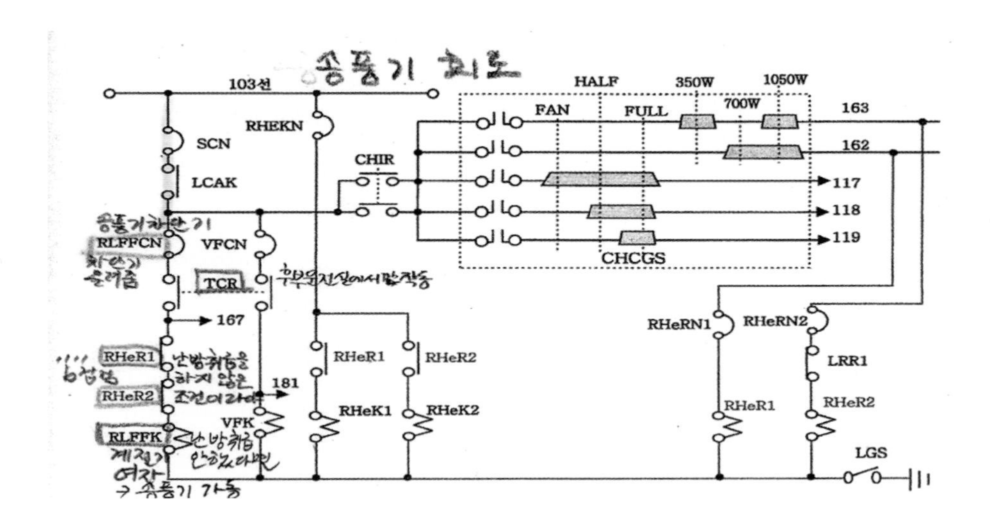

(2) 객실 환풍기

- 객실 냉난방과 관계없이 후부 운전실에서 취급이 가능하며 VFCN을 취급하면 차량당 환풍기가 동작

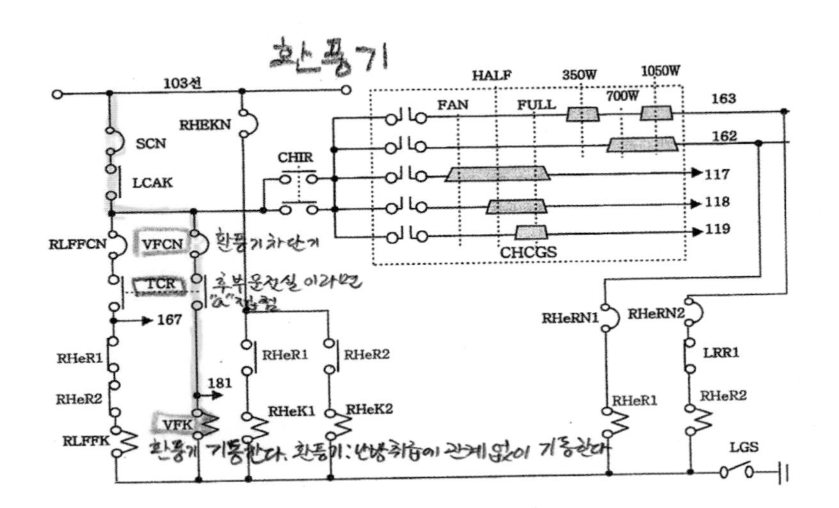

예제 **다음 중 4호선 VVVF 전기동차의 냉난방 장치에 관한 설명으로 맞는 것은?**

가. 객실 환풍기는 냉난방과 관계없이 RLFFCN(Room Line Flow Fan: 실내환풍기회로차단기)을 취급한다.

나. 객실송풍기는 난방을 취급하지 않은 조건에서 후부운전실에서 VFCN을 취급한다.

다. 운전실은 750W 2개를 이용하여 난방을 한다.

라. SIV 3대 정지 시 120초가 지나면 SCN이 트립되어 객실등이 모두 소등된다.

해설 [4호선 냉난방 장치]

가. 객실 냉난방과 관계없이 후부운전실에서 취급 가능, VFCN을 취급

나. 객실송풍기는 난방을 취급하지 않는 조건에서 후부운전실에서 RLFFCN을 취급

라. SIV 3대 정지시: 120초가 지나면 SCN Trip 에 의해 모든 부하 차단, 후부차량 ESSN이 차단되면 LCAK 무여자로 전차량 냉난방 객실등 소등

예제 **다음 중 과천선 VVVF차량 냉난방에 관한 설명으로 틀린 것은?**

가. CHCgS(냉난방스위치)는 총 7가지 위치로 되어 있다.

나. 연장급전시 난방스위치 350W일 때 실제로 난방이 안 된다.

다. 객실등이 모두 점등되지 않을 때에는 SCN 또는 LPCS를 확인한다.

라. 연장급전시냉방 전냉위치시에서는 실제로 반냉이 동작된다.

해설 연장급전시 난방스위치 350W일 때 난방 가능

[과천선 VVVF차량 냉난방 연장급전시]

① 난방장치

- CHcgS350W 위치 → 350W 동작
- CHcgS700W 위치 → 700W 동작
- CHcgS1050W 위치 → 700W 동작

② 냉방장치

- CHcgSFAN 위치 시 → FAN동작
- CHcgSHALF 위치 시 → HALF 동작
- CHcgSFULL 위치 시 → HALF 동작

제5절 연장급전

1. 연장급전의 개요

SIV고장 시: 해당 유닛 CM구동 장치, 냉난방 기동 불능 → 따라서 연장급전 시행

① 4호선의 SIV가 설치된 차량은 전후 운전실 TC차와 중간 T2차(0,5,9)에 설치되어 있어 고장 시 취급이 용이

② SIV 구동과 관계되는 차량(M차)은 1, 4, 8호 M차이다.
2, 7호 M차의 경우 Pan 하강이나 MCB 투입불능 및 완전부동 취급 시에는 연장급전의 필요가 없다.

예제 **다음 중 연장급전을 실시하는 경우가 아닌 것은?**

가. SIV 중고장으로 SIVFR(SIVMFR)이 동작 시

나. 완전부동 취급 시

다. 4호선 전동차 2, 7호 M차 C/I 고장 시

라. 4호선 전동차 1, 4, 8 M차 C/I 고장 시

해설 - 4호선 VVVF 전동차의 SIV구동과 관계된 차량은 "1, 4, 8 M차"이다.
- 4호선 2, 7 호 M차의 경우 Pan 하강이나 MCB 투입불능 및 완전부동 취급 시에는 연장급전이 필요 없다.

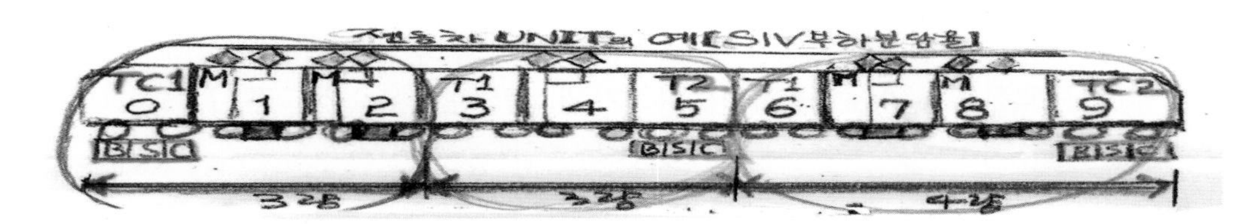

2. 연장급전 취급의 경우(연장급전은 어느 경우에 필요한가?)

(1) 완전부동 취급 시(1,4,8호 차만 SIV구동과 관계 있고, 2,7호 차는 관계 없다)

① Pan 하강

② MCB 투입 불능 시

(2) SIV 자체 고장 시

① AF 용손 시: 중고장

② IVF 용손 시: 중고장

③ 1차 경고장 발생 후 60초 이내 재고장 발생으로 중고장 시

④ 중고장 조건으로 고장 시

예제 **다음 중 과천선 VVVF차량의 연장급전 취급 시기로 틀린 것은?**

가. SIV 고장 시

나. M차의 C/I 고장 시

다. 완전부동취급 시

라. PAN 상승불능 및 MCB 투입불능시

해설 [과천선 연장급전취급시기]

① 완전부동취급 시(Pan 상승불능 및 MCB투입 불능 포함)

② M'차 C/I 고장 시(L1 차단 중 CIFR 여자시도 포함)

③ SIV 고장 시

예제 **다음 중 과천선 VVVF 전기동차에서 MCB가 양소등되는 경우로 맞는 것은?**

가. M'차SIV 고장 시

나. L1 사고차단시

다. M차 주변환기고장 시

라. 주변압기온도 이상발생 시

해설 M'차SIV 고장 시 MCB가 양소등된다.

3. 연장급전 취급 방법

(1) SIVMFR(중고장계전기 또는 MCBOR2(MCB Open Relay: 개방계전기)) 여자 시

- 운전실(전후 운전실) 또는 T2차에서 ESPS(Extension Supply Push Button Switch: 연장급전 스위치) 취급하게 되면
- 고장차 SIVCN(보조전원장치 회로차단기) Trip(회로차단기가 떨어지면서)되어 연장급전이 가능(인접 M차 정상유닛에 있는 SIV의 출력 전원을 받게 된다)

(2) 기타의 경우(ESPS을 눌렀는데도 불구하고 연장급선이 이루어지지 않을 때)

- 해당 차에 출동하여 (손으로) SIVCN(회로차단기)을 Off하면 → 연장급전이 가능

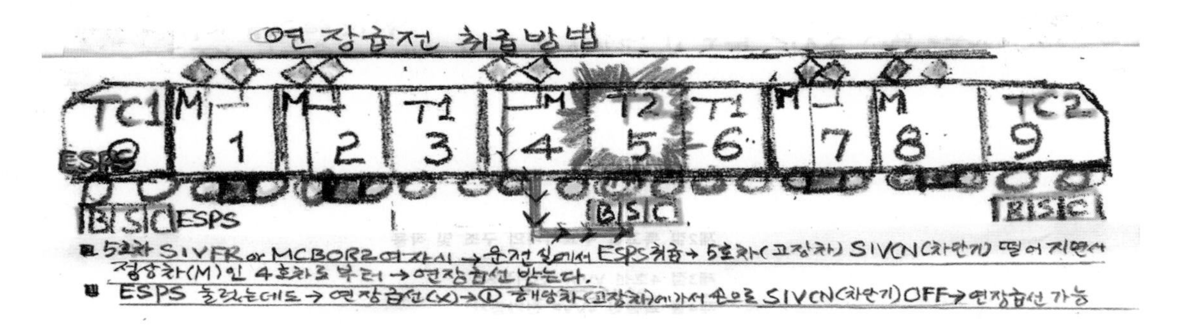

※ 연장급전 불능 시

- T1, T2차의 ESKN(No-Fuse Breaker for "ESK(Extension Supply Contactor))" 연장급전 접촉기 회로차단기) 확인 복귀
- SIV가 설치된 차량의 ESSN(Selector Switch "ESK": 연장급전 회로차단기) 확인 복귀

4. 연장급전 취급 후의 현상

- 연장급전 취급 후에는 운전실의 TGIS화면 운전 1모드에 연장급전 상태(고장 및 급전 유니트)를 현시(나비 넥타이 모양)하고 다음의 현상이 나타남.

(1) SIVMFR(중고장계전기 또는 CMBOR2)이 여자된 차량의 SIVCN이 자동 Trip(ESPS스위치를 누름으로 인해)

※ SIVMFR이 여자되지 않는 경우는 수동으로 SIVCN을 차단
(ESPS스위치를 누르는 것이나 SIVCN 차단이나 똑같은 결과이므로)

(2) 고장 차에 AC 380V가 재공급되고 4초 후 CM 재기동(ESK 투입)(CM에 과부하를 주지 않기 위해 4초 여유를 준다)

(3) 고장 및 급전 Unit의 객실등이 반감 됨(LRR2 및 ESK투입)(LRR2(Load Reduction Relay) 여자에 의하여)

(4) 고장 및 급전 Unit의 냉방이 반감 됨(LRR1 및 ESK투입)

(5) 고장 및 급전 Unit의 350W 난방 사용이 불가능(LRR1 및 ESK투입)

(LRR1이 비접점으로 구성되어 있으므로 1050W로 스위치를 돌리더라도 750W밖에 나오지 않는 상태)

예제 **다음 중 4호선 VVVF 전기동차의 연장급전 취급 후 현상에 관한 설명으로 틀린 것은?**

가. 고장 및 급전 Unit의 객실등이 반감된다.

나. 고장 및 급전 Uniit의 냉방이 반감된다.

다. 고장차에 AC380V가 재공급되면 4초 후 CM은 재기동한다.

라. 고장 및 급전 Unit의 700W 난방사용이 불가능하다.

해설 고장 및 급전 Unit의 “350W”난방사용이 불가능하다.

예제 **다음 중 4호선 VVVF 전기동차에 관한 설명으로 맞는 것은?**

가. 운행 중 SCN 차단 시 객실등은 모두 소등된다.

나. SIV 정지 시 객실등은 반감되나 연장급전 취급 시 정상으로 복귀된다.

다. 후부 TC차 SIV 정지 후 120초간 지나면 객실등은 자동으로 반감된다.

라. 2개 SIV 정지로 연장급전 시 전차량 및 객실등은 차단하고 비상등 4개만 점등시킨다.

해설 가. SCN차단 시 냉, 난방, 객실등 소등

(1) SIV 1개 정지시

→ 연장급전 시 고장 및 급전유니트 냉방 반감, 난방 350W 회로 차단

(2) SIV 2개 고장시

→ 연장급전 시 후부차량 LCOR 여자로 LCAK를 무여자시켜 전차량 냉난방, 객실등, 비상등 4개만 점등하고 나머지 모두 소등

(3) SIV 3개 모두 정지(ADV) 후 120초가 지나면 SCN Trip으로 모두 부하를 차단한다. SIV 3개가 모두 정지 후 120초가 지나면 후부차량 ESSN이 차단되어 LCAK 무여자로 “냉난방 객실등 모두 소등”

5. 연장급전 회로

[AC 380V 연장급전 2개 방법]

1. AC 380V 연장급전은 ESPS취급 또는
2. SIVCN을 Trip

(1) 방법 ◑ 103선 → ESSN → ESPS 취급 → ESAR 여자

(2) 방법 ◑ 103 → SIVCN → SIVMFR(a) → ESAR(a) → SIVCN Trip Coil 여자

(3) 103 → ESSN → SIVCN(b) → SIVK(b) → 169c → ESKN → ESK여자(SIVCN Trip시 동일) 연장급전이 가능

① ◑ 103 → LRN → ESK(a) → 168 → LRRN → LRR1,2 여자 부하감소 → 고장유니트SIV에 인가

② 만약◑ SIV 2개 정지로 연장급전 취급시 LCOR 여자로 LCAK가 소자되므로 냉난방 제어회로 및 객실 등 회로(비상등제외)가 차단됨.

- LRRN(NFB for Load Reduction): 부하반감(냉난방 반감)
- LRR1,2(Load Reduction Relay): 객실등 반감

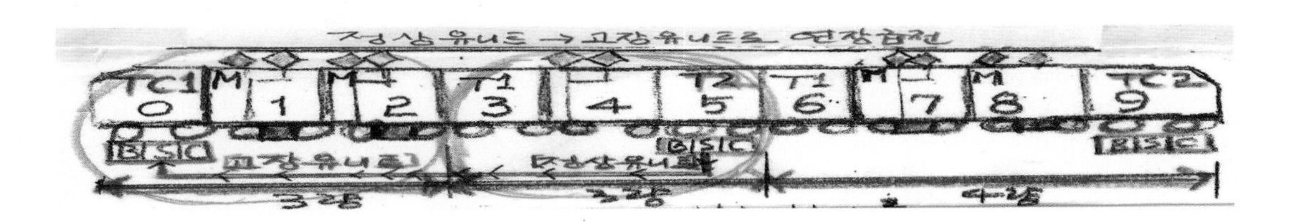

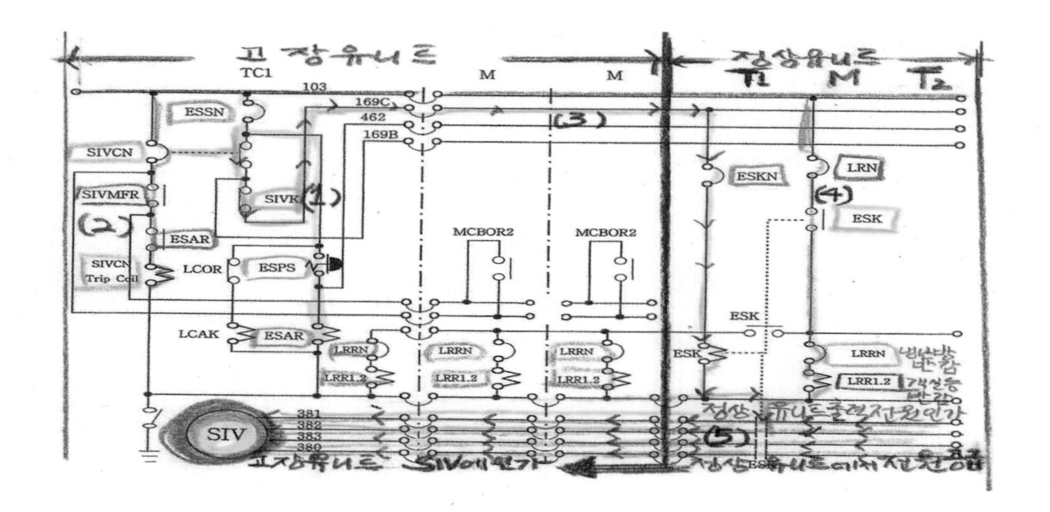

예제 다음 중 4호선 VVVF 전기동차에서 2대의 SIV가 정지되었을 때에 관한 설명으로 틀린 것은?

가. 객실등은 비상등 4개만 점등되고 냉난방 장치의 가동을 차단한다.

나. 후부 LCOR(부하개방계전기)이 여자되어 LCAK(부하제어보조접촉기)가 소자한다.

다. 전부 LCORN을 통해서 후부 LCOR이 여자한다.

라. ESK 투입되어 정상적인 SIV에서 전원을 공급받는다.

해설 [SIV 2대가 정지되었을 경우 "연장급전시"]

- 후부차량 LCOR 여자로 LCAK를 무여자 → 전차량 냉난방, 객실등은 비상등 4개만 점등하고 그 외는 모두 소등
- SIV 3대 중 2대 이상 고장이 났을 경우 회송조치하여야 한다.

예제 다음 중 4호선 고압장치에 관한 설명으로 맞는 것은?

가. CM 기동하는 방법에는 3가지가 있는데 정상기동, 연장급전시 기동, CM기동장치 고장 시 기동이 있다.

나. 연장급전을 해야 하는 시기는 Pan을 하강하거나 MCB투입불능시, AF 용손 시, IVF 용손 시, 1차 경고장 발생 시이다.

다. 연장급전시 냉난방과 객실등이 반감된다.

라. SIV 2개 고장으로 연장급전시 LCIR 여자로 전부LCAK 소자, 냉난방과 객실등은 차단된다.

해설 나. 연장급전시기는 언제?

- Pan 하강 시, MCB투입 불능 시

다. 연장급전시 취급 후 현상

① SIVFMFR(또는 MCBR2)이 여자된 차량의 SIVCN이 자동 차단

② 고장차에 AC380V가 재공급되고 4초 후 CM 재기동

③ 고장 및 급전 UNIT의 객실등반감, 냉방 반감

④ 고장 및 급전 UNIT 350W난방 사용불가

라. SIV 2개 고장으로 연장급전시에는 후부차량LCOR 여자로 LCAK를 무여자시켜 전 차량 난방, 객실등 비상등 4개만 점등하고 그 외는 모두 소등

과천선 SIV

제1절 VVVF 고압보조회로 전원의 흐름

1. 과천선 VVVF 보조회로 전원의 흐름

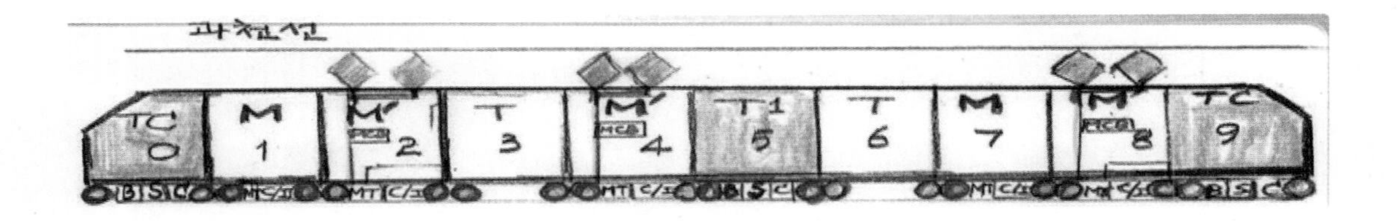

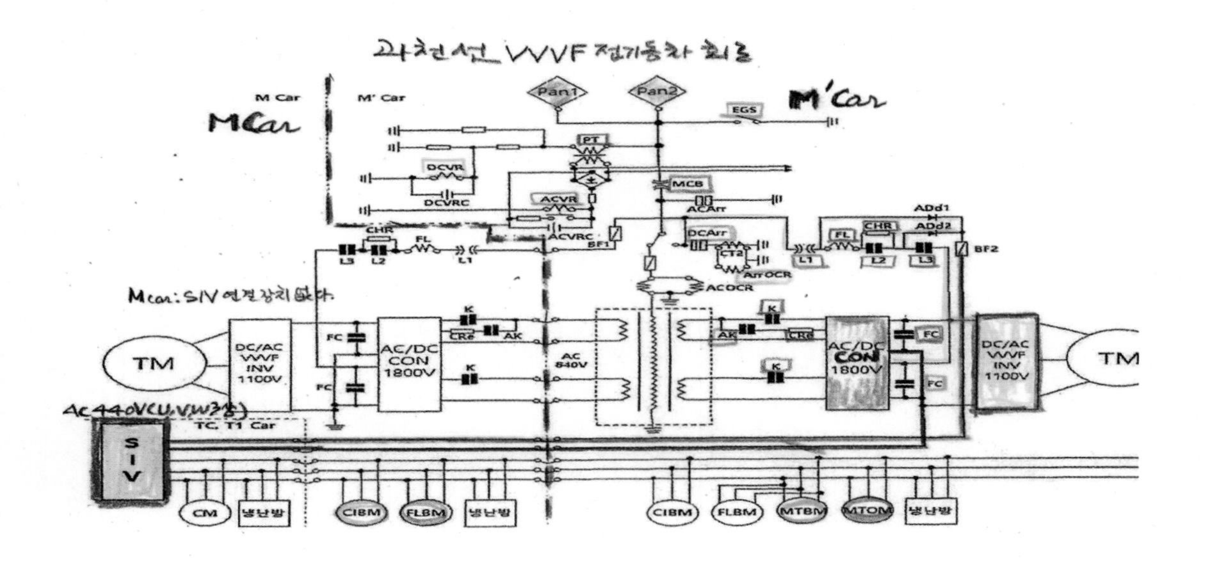

(1) 교류구간

◑ 전차선(AC25kV) → 팬터그래프 → MCB → ADCg) → MT 2차측(AC 840V × 2) → 컨버터(DC1800V) → L3 → ADd2(역류저지다이오드) → BF2 → SIV → 각종 부하 및 보조장치 기동

* [BF(Buss Fuse) is used to interrupt overcurrent in an electrical circuit]

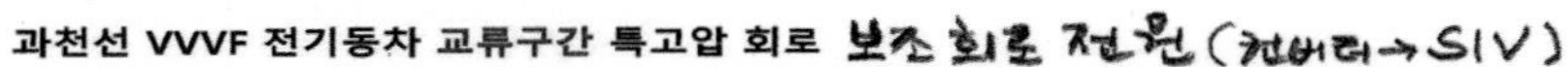

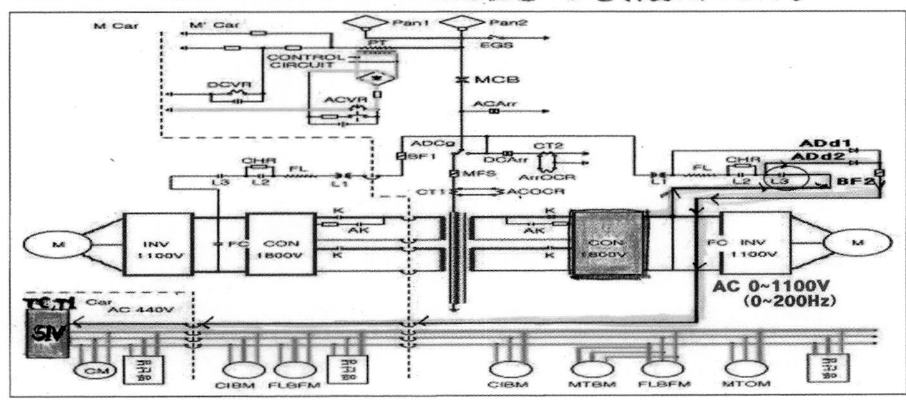

(2) 직류구간

◑ 전차선(DC1500V) → 팬터그래프 → MCB → ADCg → L1 → ADd1(역류저지다이오드) → BF2 → SIV

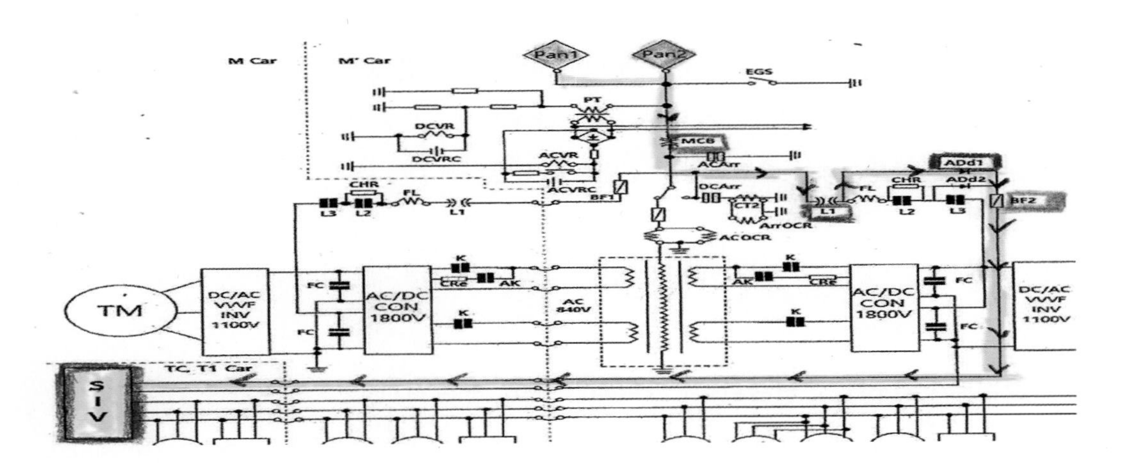

– 직류구간 운행 시는 전차선 직류 DC1,500V가 직접 SIV에 공급

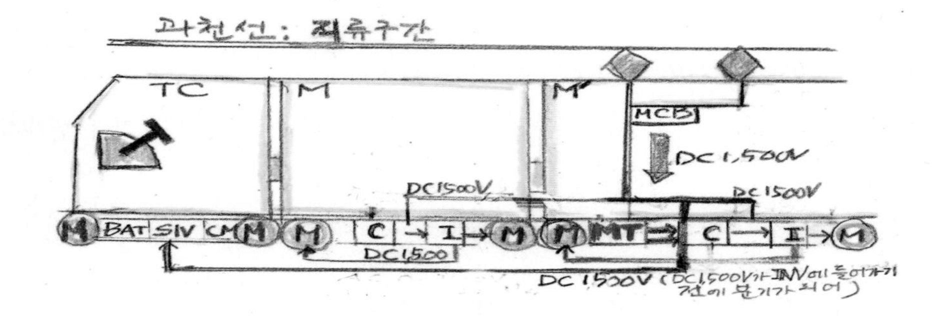

예제 **다음 중 과천선 VVVF 차량의 직류구간에서 역행(동력)제어기 취급 시 역행반응이 약 1초 후에 일어나는 이유에 관한 설명으로 틀린 것은?**

가. 직류구간에서 L3의 투입에 약 0.3초의 시간이 걸리기 때문이다.

나. L2가 투입되고 약0.1초 후 SIV가 기동되기 때문이다.

다. 직류구간에서 주회로 투입 순서는 L1 → L3 → L2이다.

라. 직류구간에서 L2의 투입에 약 0.6초의 시간이 걸린다.

해설 L1이 투입되고 약 0.1초 후 Inverter(인버터)가 가동된다.

제2절 과천선 SIV의 개요

1. 고압보조회로

① 고압보조회로란 DC1500V를 정지형인버터(SIV)에 전원을 공급

② 그 출력전원에 의해 구동되는 기기의 회로를 의미

③ 교류구간 운행시에는 주변환장치 컨버터에서 출력된 DC 1800V의 전압이 정지형 인버터에 공급

④ 직류구간 운행시에는 전차선의 전압인 DC1500V가 직접 정지형 인버터에 전원을 공급

2. 고압보조회로에 전원공급 시 동작되는 주요 구성기기

① **정지형 인버터(SIV)**: 차내 냉방 장치, 난방장치, 저압보조회로 및 각종 제어회로의 제어용 전원을 공급

② 전동기압축기(CM)

– 제동 및 각종 기기제어에 필요한 압축공기를 공급

③ 주변환기 냉각송풍전동기(CIBM), 주변압기냉각송풍전동기(MTBM), 주변압기 냉각유펌프전동기(MTOM): 각 기기의 냉각 기능

④ 전차선전압계

– 운전 중 정지형인버터 입력측 전압을 표시

⑤ 전동기전류계

– M′차 주변환장치 인버터 출력측 전류를 표시

⑥ 전류평형용 저항기(EqRe: Equalizing Resister)

– 교교절연구간 통과시 SIV동작이 중단되지 않도록 하는 기능을 담당

3. 과천선 VVVF차량에서 주요 기기 역할

① ACVRTR: 고교절연구간 통과 시 1초간 MCB 차단 방지

② MCBTR: PAN상승, 뛤틀 현상 등에서 0.5초간 MCB 차단 방지

③ EqRe: 고교절연구간 통과 시 SIV 정지 방지

제3절 과천선 고압보조회로의 기기

1. 보조전원용 정지형인버터(SIV) 전원 생성 과정

① DC 900V~1900V 변동 전원을 받아

② GTO 쵸퍼회로에 의해 안정된 DC전원을 공급받고

③ Transister로 구성된 Inverter회로에 공급하며

④ Inverter Box는 입력전압을 3상 교류 출력 전압으로 변환시킨 후

⑤ Transformer Box에서 변압기 T1, T2의 Zig Zag 결선에 의해 3상 12스텝의 교류 출력 전

압을 생성한 후

⑥ AC필터 콘덴서를 거쳐 전압 손실이 적고 신뢰도가 높은 양질의 3상, 440V, 60HZ 교류전원을 얻게 됨

예제 **다음 중 과천선 VVVF차량의 SIV 출력전원으로 맞는 것은?**

가. AC440V 3상　　나. AC380V 3상

다. AC440V 단상　　라. AC380V 단상

해설 과천선 VVVF 전기동차 SIV 출력전원은 "AC440V 3상이다."

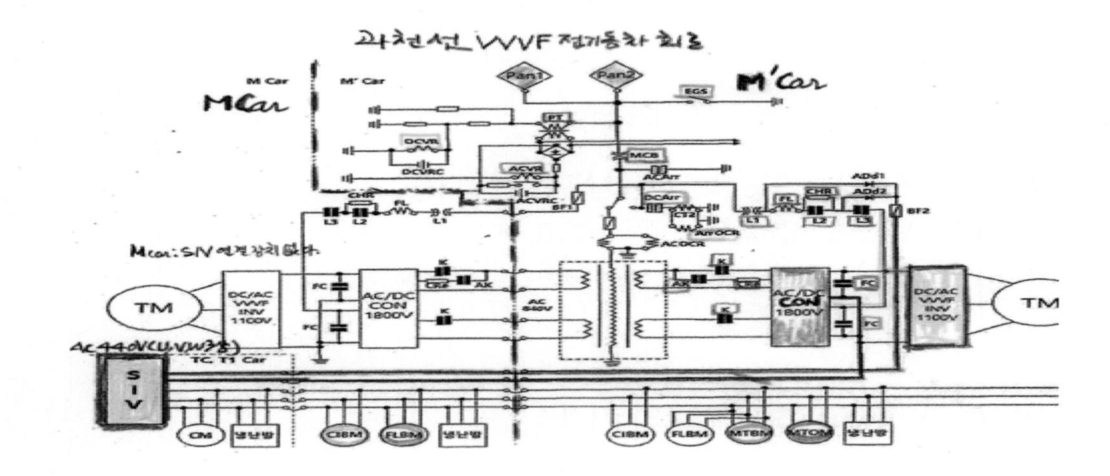

2. 과천선 정지형 인버터의 주요 구성장치

① 인버터 함(Inverter BOX)

－DC1500V를 3상 교류 440V로 변환시키는 장치

② 변압기(Transformer)

가. 인버터 장치함의 콘덴서 직류 전압을 충전, 방전시키는 회로(FC) 및 평할용 리액터 회로

나. 인버터 장치함에서의 최종 AC440V, 3상, 60HZ를 부하 측으로 연결시켜주는 회로가 내장

다. DC100V출력용 정류기회로(충전 장치함)가 내장

③ 휴즈 및 단로기 함(IVF/IVS)

- SIV의 입력단 사고시 PWM 컨버터의 파급방지 및 SIV 점검 시 입력단 차단을 위해 사용

④ 전류평형용 저항기(EqRe)

- SIV가 교교 절연구간 진입 시 SIV입력에 가선 중단 없이 전원을 공급하기 위하여 절연구간에 진입하지 않은 유니트로부터 직류전원 공급 시 Balance를 맞추기 위한 저항기로서 이용

⑤ 연장급전접촉기(ESK: Extension Supply Contactor)

- 각 유니트로 급전하는 SIV 중 어느 한쪽이 고장일 경우 본 장치의 접촉기(ESK)를 투입하여 정상적인 SIV가 고장난 SIV유니트로 급전

⑥ 고속도차단기(IVHB)

- 인버터장치의 주회로를 투입, 개방하거나 과전류 발생시 주회로를 차단함으로써 SIV 전단의 장치를 보호하기 위하여 사용

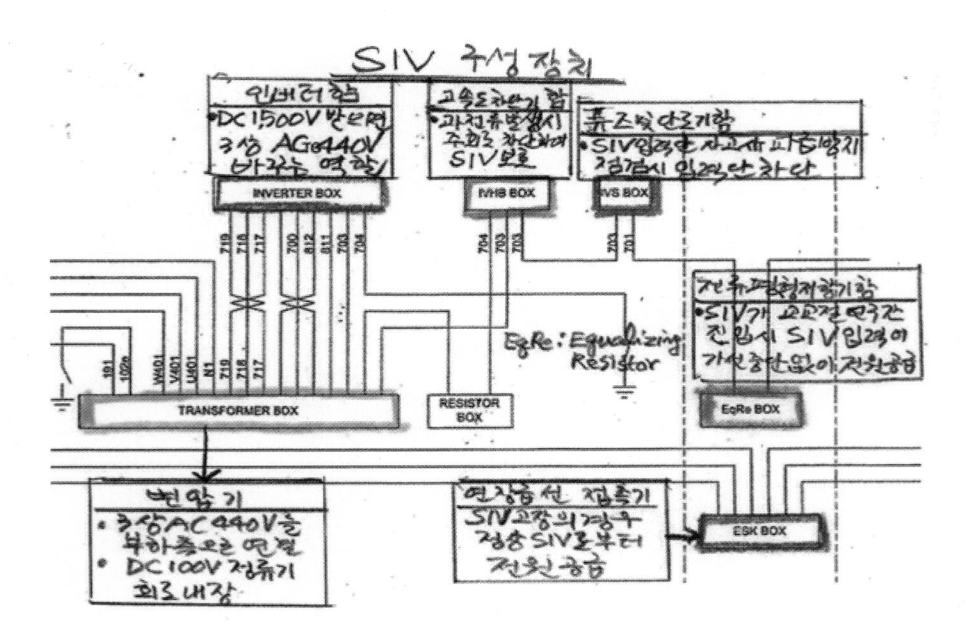

예제 **다음 중 과천선 VVVF차량의 SIV 구성장치로 틀린 것은?**

가. 정지형 인버터함 나. 고속도차단기함

다. 전류평형용 저항기함 라. 휴즈 및 단로기함

해설 〈SIV 주요기기 구성장치 종류〉

① 인버터함(Inverter Box)
② 변압기(Transformer)
③ 휴즈(퓨즈) 및 단로기함(IVF/IVS)
④ 전류평형용 저항기(EqRe)
⑤ 연장급전 접촉기(Extention Supply Contactor)
⑥ 고속도차단기(IVHB)

예제 **다음 중 과천선 VVVF 전기동차에 관한 설명으로 맞는 것은?**

가. SIV 정지 시 해당 M차 및 M′차 C/I가 정지된다.

나. DCArr 동작 시 MCB는 양소등된다.

다. 직류구간에서 FLBMN 차단 시 SIV 정지, 60초 후 해당 MCB 차단된다.

라. 교류구간에서 M차 주변환기(C/I) 고장으로 복귀 불능 시 연장급전을 해야 한다.

해설 나. DCArr 동작 시 "MCB OFF등 점등"된다.

다. 직류구간 FLBMN 차단 시 "M차 BMFR 여자 조건"이므로 TCU에 BMF 신호 입력으로 "20초 뒤 C/I 정지" 한다.

라. 교류구간 M′차 MT 고장으로 "MCB가 차단된다."

3. SIV 전원 공급(과천선)

(1) AC구간

◑ 가선 → Pan → MCB → 교직절환기－주휴즈－주변압기－PWM컨버터－L3 → 역류저지 다이오드(ADd2)를 통하여 SIV 급전된다.

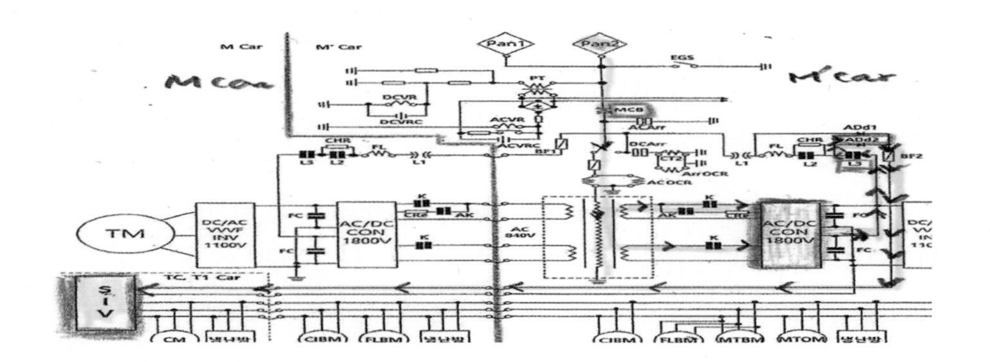

예제 다음 중 교류구간에서 과천선 VVVF 전기동차의 SIV 전원공급을 할 때 거치지 않는 곳은?

가. L1
나. MCB
다. L3
라. Add2

해설 〈과천선 AC구간 VVVF SIV 전원 공급 순서〉

가선 → PAN → MCB → 교직절환기 → 주퓨즈 → 주변압기 → PWM컨버터 → L3 → 역류저지 다이오드(ADd2)

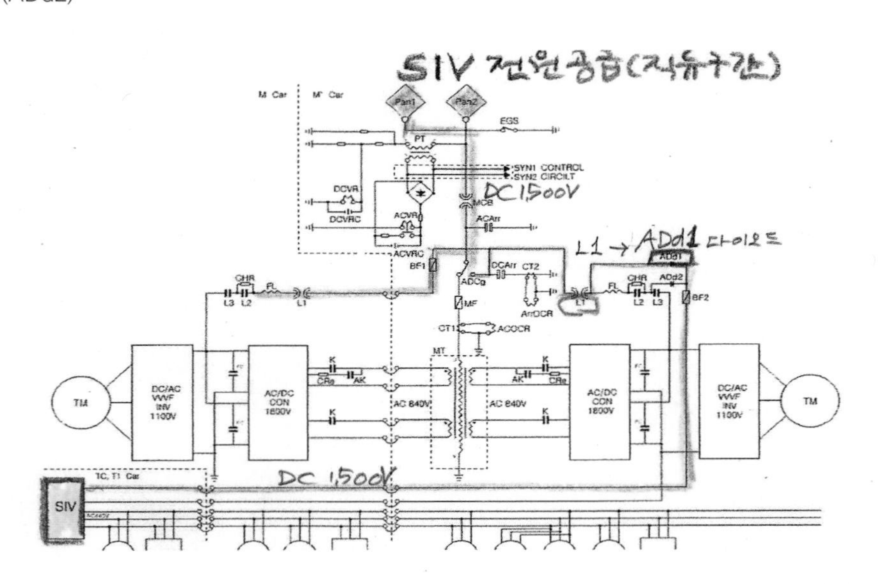

(2) DC구간

◑ 가선 → 팬터그래프 → MCB → 교직절환기 → L1 → 역류저지다이오드(Add1)를 통하여 급전된다. 회생제동시에는 INV → 유니트스위치(L3) → 역류저지다이오드(ADd2)를 통하여 급전될 수 있다.

제4절 SIV 고장 시 조치(과천선)

1. 과천선 SIV 경고장

① 모니터 SIV정지 혹은 SIV통신 이상 현시(FAULT(고장)등은 점등되지 않는다)

② SIV(자체보다는) 입력 전원에 관계되어 SIV 정지 시에 나타난다.

③ 조치방법

- 입력 전원의 원인 제거 및 MCBOS – RS – 3초 후 MCBCS 취급을 하여 복귀하고
- 원인 제거 및 복귀할 수 없을 경우

  → 운전실에서 ESPS를 취급하면 해당차 IVCN을 트립시켜
  해당차 IVCN(인버터제어회로차단기)를 OFF한다(ESPS스위치 취급).

2. 과천선 SIV 중고장

① 1차 Reset 취급 (수행해 보고)

② 모니터 SIV 정지 및 FAULT등 점등(SIVFR여자)

③ 조치방법

- 운전실에서 ESPS를 취급하면 해당차 IVCN이 트립된다.

3. 과천선 SIV 중고장(SIVFR) 여자 조건

① 1차 고장이 중 고장 조건 시

② 1차 고장 후 감시 시간(60초) 이내 재고장 발생 시

③ 재기동 불능 시 연장 급전

예제 **다음 중 과천선 VVVF 전기동차SIV 경고장시 조치로 틀린 것은?**

가. 이상 신호발생시 IVHB는 차단되고 SIV는 운전 정지한다.

나. SIV 운전 중 각 보호회로는 이상상태를 감지한다.

다. 일단정지 후 자동으로 RESET 되고 10초 후 자동 재기동한다.

라. 재기동 후 60초간 이상상태인지, 정상상태인지를 감시한다.

해설 일단 정지 후 자동으로 RESET 되고 3초 후 자동 재기동한다.

예제 **다음 중 과천선 VVVF 전기동차 SIV 보호항목이 아닌 것은?**

가. 입력 저전압 **나. HB 과전류 투입**

다. 콘덴서전압 불평형검출 라. 쵸퍼과전류 검지

해설 HB 과전류 차단

〈과천선 SIV 보호항목〉

1. AC출력회로 단락
2. AC과전압 검출
3. AC저전압 검출
4. 콘덴서 전압 불평형 검출
5. 쵸퍼과전압 검지
6. 쵸퍼과전류 검지
7. 인버터 과전압 검지
8. 인버터 과전류 검지
9. 제어전압 고장
10. HB과전류 차단
11. 입력 저전압

예제 **과천선 VVVF차량 SIV 중고장시 연장급전방법 중 틀린 것은?**

가. 고장차량관련 유니트(T1, Tc)차량 ESS스위치 1 또는 2에 위치로 한다.

나. 고장차량관련 유니트(T1, Tc)차량 IVCN을 OFF 한다.

다. 운전실에서 ESPS를 취급할 수 있다.

라. 고장차량관련 유니트(T)차량의 ESKS 스위치 10위치에서 6위치로 변경한다.

해설 [과천선 SIV 중고장시 연장급전방법]

나. 고장 유니트(TC, T1)- ESKS(6, 10 또는 8위치)절환

다. 운전실 - ESPS취급 또는 고장 유니트(TC, T1) - IVCN OFF

라. 고장 유니트(TC, T1)-ESS스위치(1 또는 2) 절환의 순으로 이루어진다.

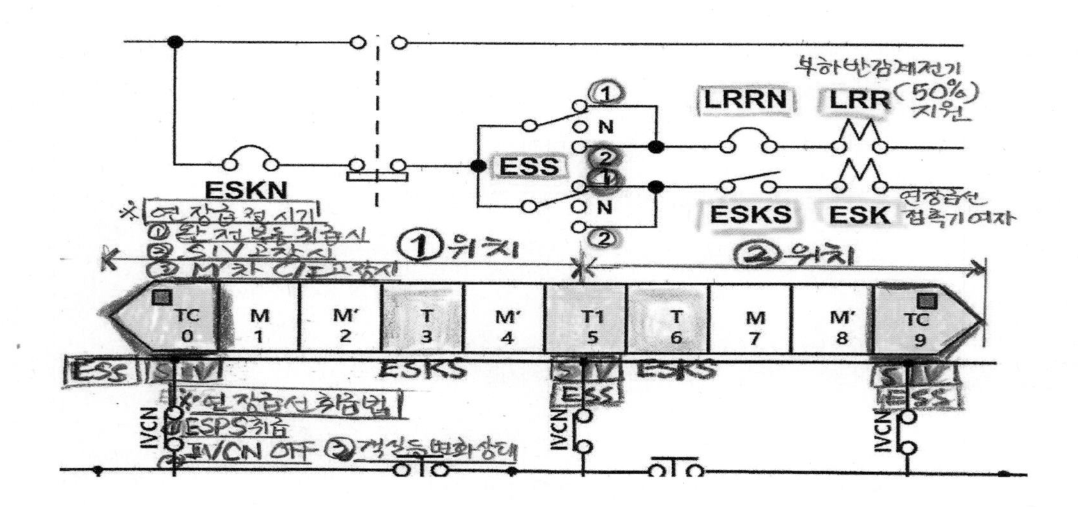

제5절 과천선 CM(전동공기압축기)

- AC440V 교류전동기로 스크류식 압축기를 구동
- 기동 시 충격을 최소화하여 부드럽게 기동과 정지할 수 있도록 VVVF 인버터시스템 사용(인버터장착)
- 조압기(CM－G)는 주공기압력 8kg/cm^2 이하로 되면 CM은 구동을 시작하고, 공기압력이 9kg/cm^{2}에 달하면 CM－G가 끊어지고 CM은 구동을 정지(4호선 차량은 8－10kg/cm^2)
- 편성 중 1개의 조압기라도 동작되어 있으면(나머지 2대도 동시에 구성) 동기구동회로 구성되어 일제히 구동
- CM인버터 동작 불능 시 상용전원으로 구동될 수 있도록 바이패스회로 구성(자동) → 인버터를 거치지 않고 AC440V가 그대로 CM에 들어간다.

1. CM 정상구동

- 조압기(CM－G)는 주공기압력 8km/cm^{2}이하로 되면 CM은 구동을 시작하고, 공기압력이 9kg/cm^{2}에 달하면 CM－G가 끊어지고 CM은 구동을 정지(4호선 차량은 8－10kg/cm^2)
- 편성 중 1개의 조압기라도 동작되어 있으면(나머지 2대도 동시에 구성) 동기구동회로 구성
- 구동 CM인버터 동작 불능 시 상용전원으로 구동될 수 있도록 바이패스회로 구성(자동) 인버터를 거치지 않고 AC440V가 그대로 CM에 들어간다.

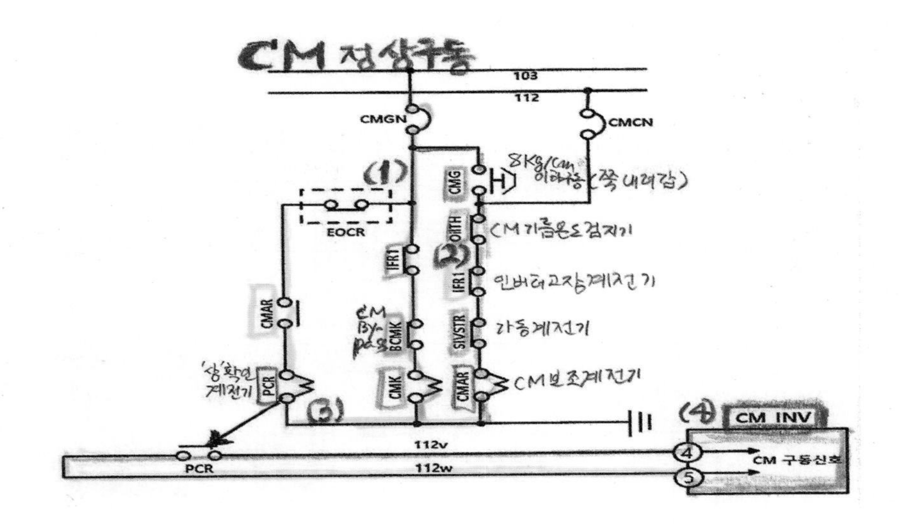
CM 정상구동
103
112
CMGN
CMCN
(1)
CMG
8Kg/cm 이하구동 (쭉 내려감)
EOCR
OilTH
CM 기름온도검지기
IFR1
(2)
인버터고장계전기
CMAR
BCMK
SIVSTR
기동계전기
'상'확인 계전기
PCR
CMK
CMAR
CM보조계전기
(3)
(4)
CM INV
112v
112w
PCR
4
5
CM 구동신호

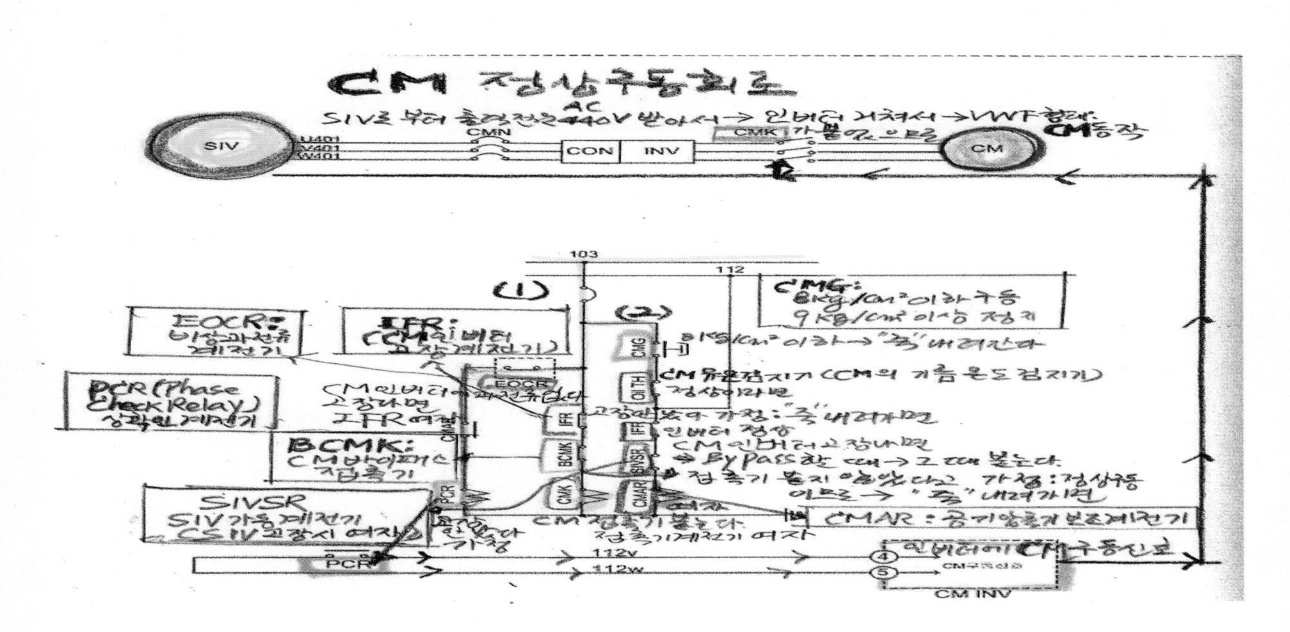
CM 정상구동회로
SIV
U401
V401
W401
CMN
CON
INV
CMK
CM
103
112
(1)
(2)
EOCR
IFR
CMG
OilTH
BCMK
SIVSR
CMK
CMAR
PCR
112v
112w
4
5
CM INV

2. CM 구동용 인버터 고장 시 직결(By-Pass)구동

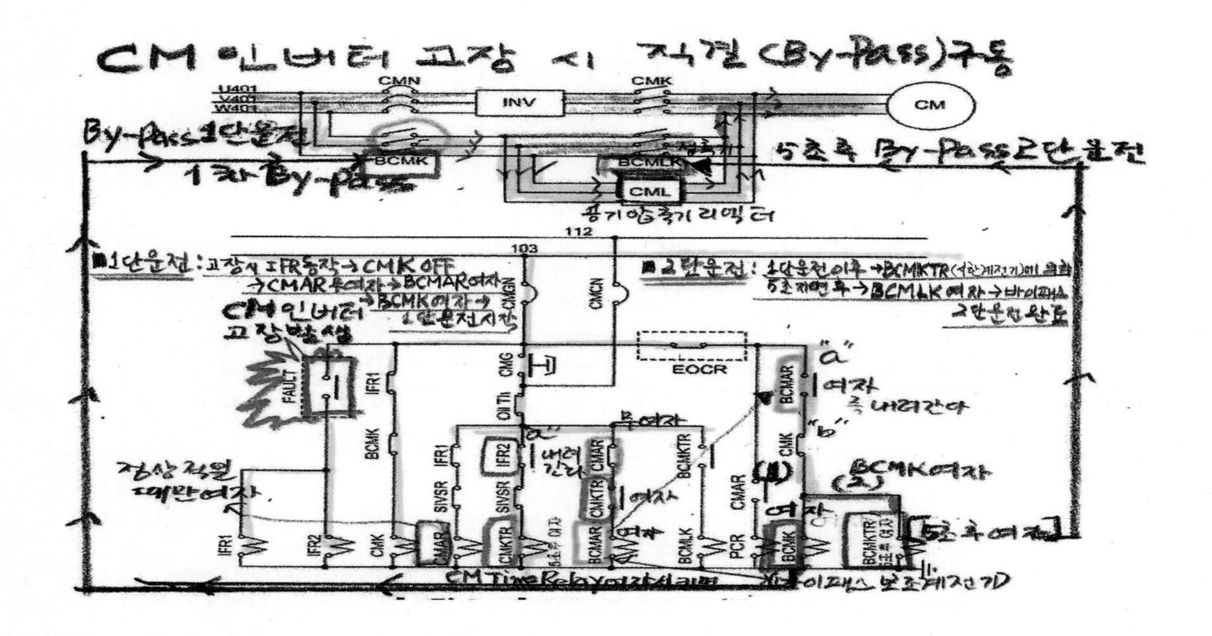

3. 동기구동 회로

- 전동차 운행 중 전체 CM의 운전상태를 동시에 부하운전 또는 무부하 운전을 하기 위한 회로
- 운행 중 MR(공기관)관의 파손 또는 CMG조압기용착(CM기가 계속 붙어 있는 상태) $9kg/cm^2$의 CM이 떨어져야 CM이 가동을 멈춘다(붙어서 계속가동하는 문제 발생)
- 1개의 CM에 문제 생기면 나머지 2개의 CM이 계속 공기를 주입해야 하므로 무리가 따른다.
- 정상적인 CM동기구동장치를 사용할 수 없을 때에는 해당차 CMCN OFF 또는 해당차 CMCN, CMGN을 동시에 OFF해야 한다.

[과천선 CM관련 고장 조치법] (이해하면서 외우기!!!) (CM없는 차에도 MR은 있다)

〈과천선 CM관련 고장 조치법〉
1. CMGN만 OFF시켜야 할 경우(CM-G용착)
2. CMCN만 OFF시켜야 할 경우(CM없는 차량 MR본관 파손 시 CM 적은 쪽)
3. CMGN, CMCN 둘다 OFF시켜야 할 경우(CM설치차량 MR본관 파손)

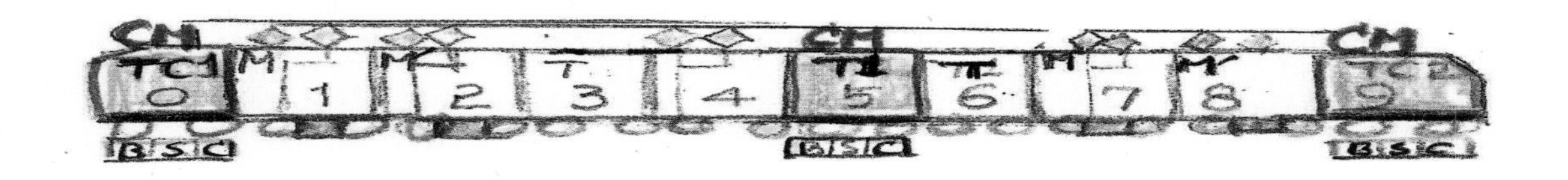

(1) CMGN만 OFF시켜야 할 경우(CM-G용착)

– CM–G 용착으로 CM 계속 구동 시, 순차적으로 CMGN을 OFF하여 구동이 정지되면 해당차 CM–G가 용착된 것으로 판단한다.

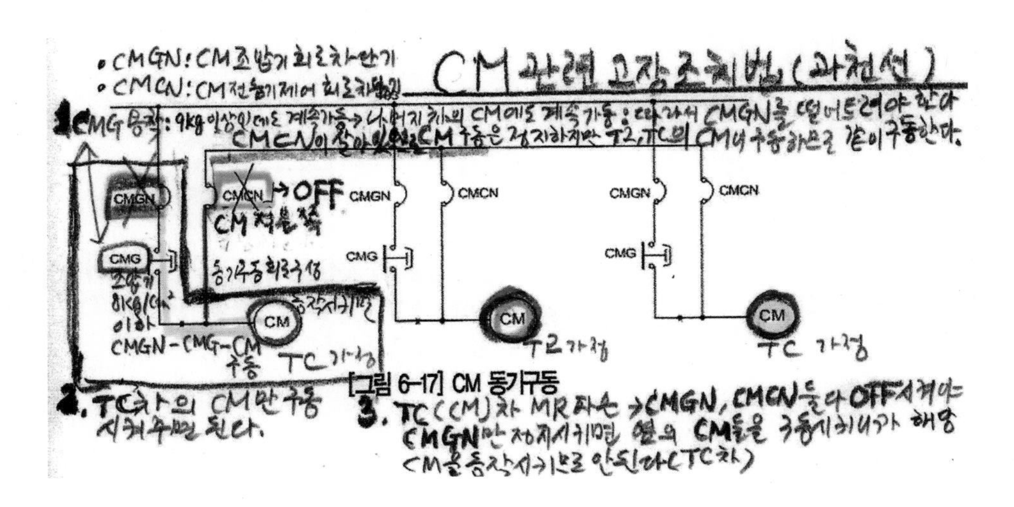

[그림 6-17] CM 동기구동

(2) CMCN만 OFF시켜야 할 경우(CM없는 차량 MR본관파손시 CM적은 쪽 CMCN OFF)

- CM이 없는 차량(TC, T1제외 차량) MR본관(공기관)(차간 포함) 파손 시(공기가 세고 있다.)
- 기관사는 이 차량의 양쪽 공기코크를 차단하여 공기가 진입하지 못하도록 막아주어야 한다. 그러면 제동이 들어가지 않는다. CM숫자가 적은 쪽 CMCN을 OFF하여야 한다.
- 만약 10량 기준 좌측 2번째 차량인 M차의 MR본관이 파손되었다면, M차 오른쪽에는 2개 차량(T1,TC2)에 MR이 있으나 M차 좌측에는 TC차 한 곳에만 MR이 있으므로 왼편 TC차량이 CM이 적은 쪽에 해당된다.
- 우측 2개의 T1, TC차의 CM들은 부지런히 CM을 돌려서 8량의 차량(많은 차량들)을 담당하도록 해야 한다.
- 그러나 좌측 TC(바로 옆의 차가 CM고장차이므로)는 홀로 막혀 있으므로 자체 차만의 (즉, 좌측 맨 끝 TC차 하나만 담당하여) CM구동해 주면 된다.

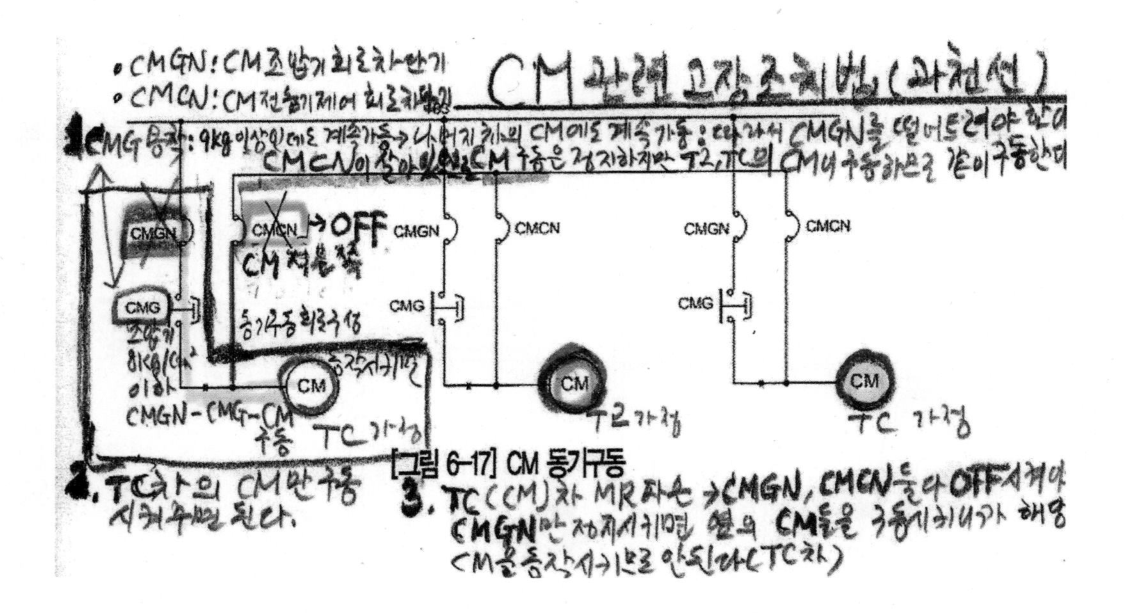

[그림 6-17] CM 동기구동

(3) CMCN, CMGN 둘 다 OFF시켜야 할 경우(CM설치차량 MR본관 파손)

(TC차 MR파손 등 CM이 작동할 필요가 전혀 없는 경우 또는 무인 차량 경우)

- CM설치된 차량의 MR본관이 파손되어 CM을 정지시켜야 하는 경우
- CM이 있는 차량(TC등)의 MR(주 공기관)이 파손된 경우 CM이 작동하지 못한다. 기관사가 내려와서 옆 M차량의 코크를 차단시켜야 한다.
- 모두 꺼버려야 한다. 그렇게 하려면 CMCN, CMGN을 모두 차단시켜 주어야 한다.
- 만약 CMGN만 정지시키면 옆의 CM들이 연계되어 가동되니까 TC차의 CMCN도 동작을 시켜 차단시켜야 한다.

4. CM 정지 시 복귀

- CM구동, 정지는 대개 → CM EOCR(비상과류계전기)의 동작이 원인이다.
- 이때는 기관사가 제기동하는 방법 밖에는 없다.

〈복귀방법〉

(1) 기관사가 전체 Pan 하강한 후 제동핸들을 취거하여(꺼버린다) 103선을 일시 차단하는 경우에 CMSB상자 내의 RS(리셋)버튼을 눌러주면 EOCR이 복귀된다.

(2) 검수 작업 시에도 CMSB 상자 내에 있는 RS(리셋)버튼을 눌러주면 ECOR이 복귀된다.

예제 **다음 중 과천선 VVVF차량의 CM에 관한 설명으로 틀린 것은?**

가. CM의 안전변압력은 11Kg/cm^{2}이다.

나. 연장급전을 하면 정지 후 3초 후에 CM이 재기동된다.

다. CM구동은 압력이 8Kg/cm^2 이하에서 off되고 9Kg/cm^2 이상이 되면 ON 된다.

라. CM은 AC440V의 전원을 사용한다.

해설 CM-G는 주공기압력이 8Kg/cm^2 이하로 되면 CM은 구동을 시작하고,
공기압력이 9Kg/cm^{2}에 달하면 CM-G가 끊어지고 CM은 구동을 정지한다.

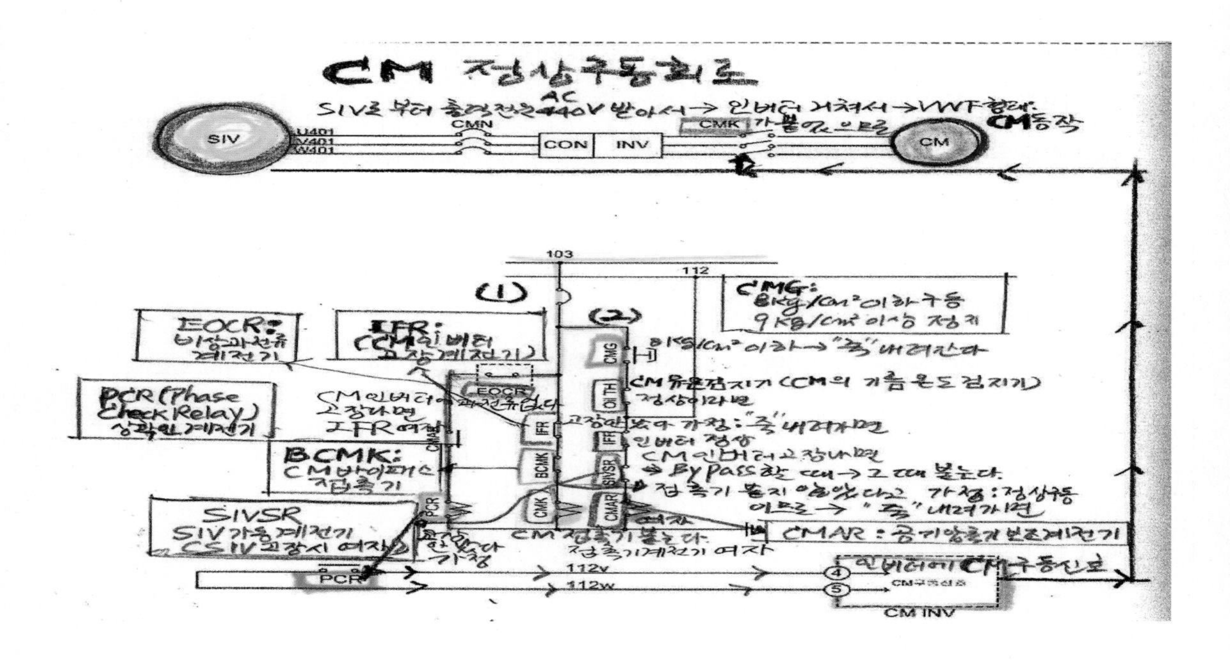

예제 다음 중 과천선 VVVF 전기동차의 CM 정상구동방법으로 틀린 것은?

가. CM-G에 의하여 CMK여자로 인버터에 의해 구동된다.

나. CMAR이 무여자되면 PCR여자되고 CM INV에 기동신호 발생된다.

다. DC100V 제어전원이 기동장치에 입력된다.

라. MR압력 설정치 이상 시 CM-G 차단에 의하여 기동제어 전원 차단으로 정지된다.

해설 CMAR이 여자 되면 PCR(Phase Check Relay: 상확인계전기) 여자되고 CM INV에 기동신호발생된다.

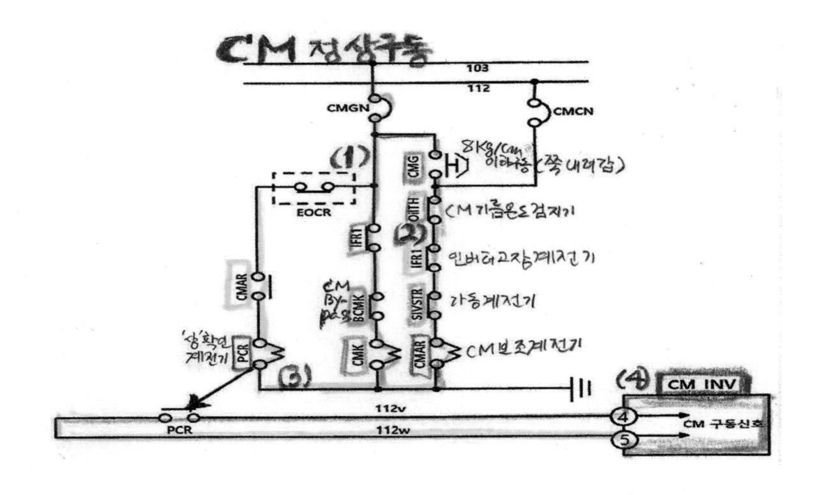

예제 **다음 중 과천선 VVVF차량의 CM에 관한 설명으로 틀린 것은?**

가. 직력구동방식은 CM 정지 후 5초 후에 CM이 재구동된다.

나. 직렬구동방식은 CM INV 고장 시 CM INV를 거치지 않고 SIV 출력전원을 직접 공급하는 방식이다.

다. 직렬운전시 인버터운전과 동일하게 구동과 정지의 제어가 이루어진다.

라. 기관사는 전체 PAN을 하강 후 RS버튼을 취거하거나 103선을 일시 차단하여 CM 정지 시 복귀시킨다.

해설 CM 정지시복귀 방법: 기관사의 경우 전체PAN을 하강한 후 "제동제어기를 취거하여" 103선 일시 차단

예제 **과천선 CM관련 고장시 조치법은?**

해설 [과천선 CM관련 고장 조치법]

1. CMGN만 OFF시켜야 할 경우(CM-G용착)
2. CMCN만 OFF시켜야 할 경우(CM없는 차량 MR본관 파손 시 CM적은 쪽)
3. CMGN, CMCN 둘다 OFF시켜야 할 경우(CM설치차량 MR본관 파손)

예제 **다음 중 과천선 VVVF 전기동차CM By-Pass 회로와 관련 없는 접촉기는?**

가. BCMLK　　나. CML

다. BCMK　　**라. FLBMK**

해설 CM BY-PASS의 회로 관련된 접촉기는 "IFR, CMK, CMAR, BCMKTR BCMLK, CML,BCMK"가 있다.

예제 **다음 중 과천선 VVVF차량 고장 시 CMGN 만 OFF 하여야 하는 상황은?**

가. CM-G 용착으로 CM계속 구동 시　　나. 차간 연결 중 공기 누설 시

다. CM이 없는 차량 배관 파손 시　　라. CM이 있는 차량 배관 파손 시

예제 **다음 중 CM EOCR 동작하여 CM 정지 시 기관사가 하여야 하는 조치는?**

가. 전체pan 하강, 제동제어기 취거 10초 후 재기동

나. 완전부동취급

다. MCBOS - RS - MCBCS

라. CMSB상자 내의 RS버튼 취급

해설 CM EOCR이 동작하여 CM 정지 시 조치는 "PAN 하강, 제동제어기 취거 10초 후 재기동"하여야 한다.

제6절 과천선 송풍기

예제 **다음 중 과천선 VVVF차량 송풍기에 관한 설명으로 틀린 것은?**

가. M′차량 FLBM은 FLBMK에 의해 여자 받는다.

나. FLBM은 DC구간에서만 구동되며 필터리액터(FL)의 냉각작용을 한다.

다. CIBM은 GTO차량에 설치되어 있으며, 신형 IGBT방식의 차량에는 설치되어 있지 않다.

라. CIBM은 SIV 출력측 전원에 의해서 구동되어 주변환기냉각작용을 한다.

해설 M′차량 FLBM(필터리엑터송풍기)은 MTN(주변압기회로차단기)에 의해 여자 받는다.

예제 **다음 중 과천선 VVVF차량 M′차량 FLBM(필터리엑터송풍전동기) 전원 관련 NFB는?**

가. FLBMN　　나. CIBMN

다. MTBMN　　라. MTOMN

해설 [C/I 및 평활리액터관련 여자조건]

1. M′차 BMFR 여자 조건: FLBMK 무여자, MTBMN 차단, CIBMN 차단
2. M차 BMFR 여자 조건: FLBMK 무여자, FLBMN 차단, CIBMN 차단
3. APR(보조전원계전기): SIV 3상AC 440V 미출력 시 여자

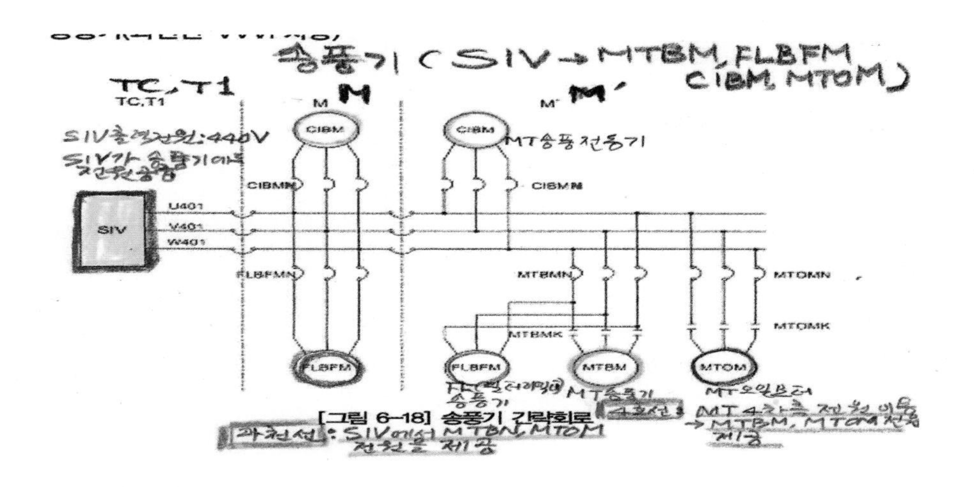

[그림 6-18] 송풍기 간략회로

제7절 과천선 VVVF 냉난방 장치

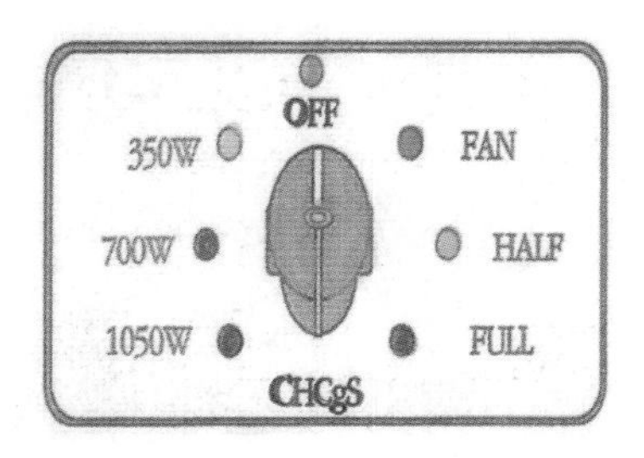

냉·난방절환스위치

냉난방 절환스위치 위치	객실히터 700W	객실히터 350W	냉방장치 EF	냉방장치 CF1, CP1	냉방장치 CF2, CP2	비고
1,050W	O	O				연장급전시 350W개방 700W진입
700W	O	X				
350W		O				
OFF	X	X	X	X	X	모니터장치 화면에서 자동 모드 및 냉난방 모드로 운전 가능함
송풍(FAN)			O	X	X	
반냉방			O	O 냉방기	X	
전냉방			O	O	O	연장급전시 CP2, CF2개방

• EF (Evaporate Fan): 증발기팬 CP: 공기압축기
• CF (Condenser Fan): 응축기 팬

연장급전시 CF2, CP2가 작동안하므로 반냉방만 가능

[과천선 VVVF차량 연장급전 시 동작하는 냉난방 장치]

1. 난방장치

가. CHcgS 350W 위치 시 → 350W 동작

(연장급선 시 4호선 차량 경우 350W시에 동작 안 하지만 과천선은 동작)

나. CHcgS 700W 위치 시 → 700W 동작

다. CHcgS 1050W 위치 시 → 700W 동작(350W 날라가고)

2. 냉방장치

가. CHcgS FAN 위치 시 → FAN 동작

나. CHcgS HALF 위치 시 → HALF 동작

다. CHcgS FULL 위치 시 → HALF 동작

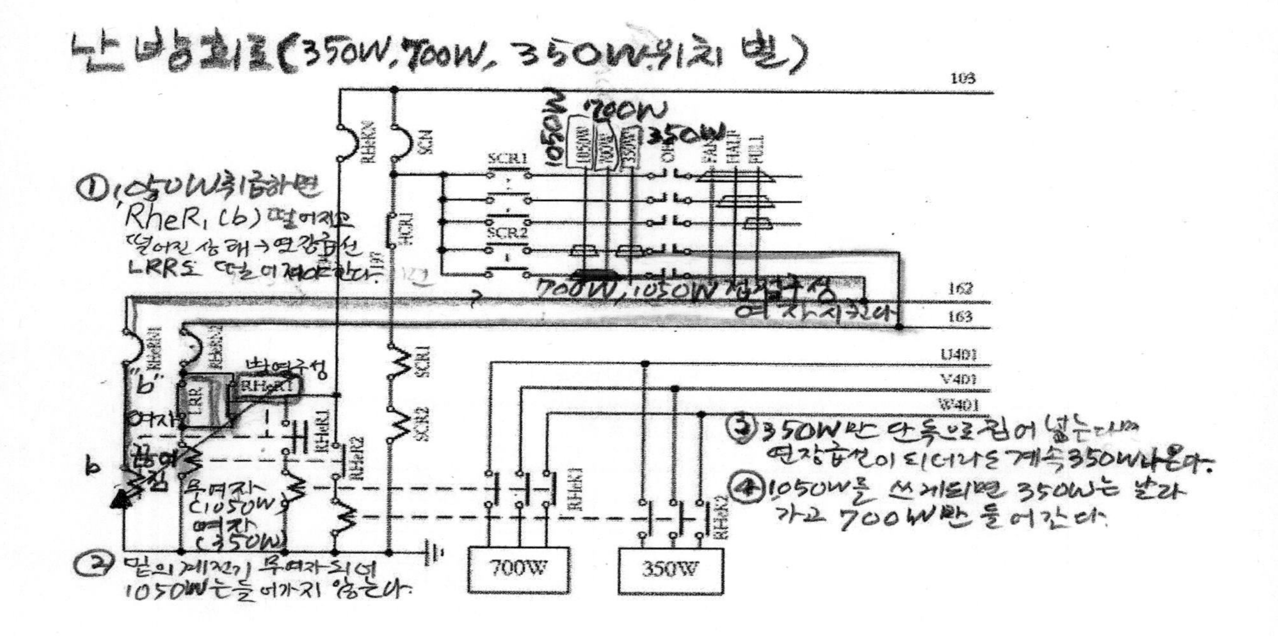

제8절 과천선 연장 급선(Extension Supply)(과천선VVVF차량)

1. 연장급선취급의 경우

– SIV자체보다 SIV에 전원을 주는 M'차의 입력 장치에 문제가 있는 경우 연장급선을 취급하게 된다.

(1) M'차를 완전부동취급(Pan 상승 불능 및 MCB투입 불능 포함)

왼편 TC차에 SIV전원을 주지 못한다. 따라서 오른쪽 T1차에서 연장 급전을 해 주게 된다.

(2) M'차의 C/I고장 시(L1 트립 중 CIFR(주변환장치고장계전기) 여자시도 포함)

SIV는 어디서 전원을 받나? M'차에 있는 주변환기에서 받는다.

(3) SIV 고장 시(자체 고장 시)

예제 다음 중 과천선 VVVF 전동차에서 연장급전을 해야 하는 경우 해당하지 않는 것은?

가. M'차의 C/I 고장 시 나. SIV 고장 시

다. 완전부동 취급시 라. 1차 경고장 발생 후 5분경과 후 다시 경고장 발생 시

해설 과천선 VVVF차량 연장급전 취급의 경우
① 완전부동취급(PAN 상승불능 및 MCB 투입불능 포함)
② M′차 C/I 고장 시(L1트립 중 CIFR 여자시 포함)
③ SIV 고장 시

예제 **다음 중 과천선 VVVF 전기동차연장급전 시기로 가장 틀린 것은?**

가. SIV 고장시　　　나. M′차 주변환기 고장 시

다. M차 주변압기고장 시　　　라. 완전부동취급 시

해설 [연장급전시기]
① 완전부동 취급 시　　② SIV 고장 시　　③ M′차 주변환기(C/I) 고장 시

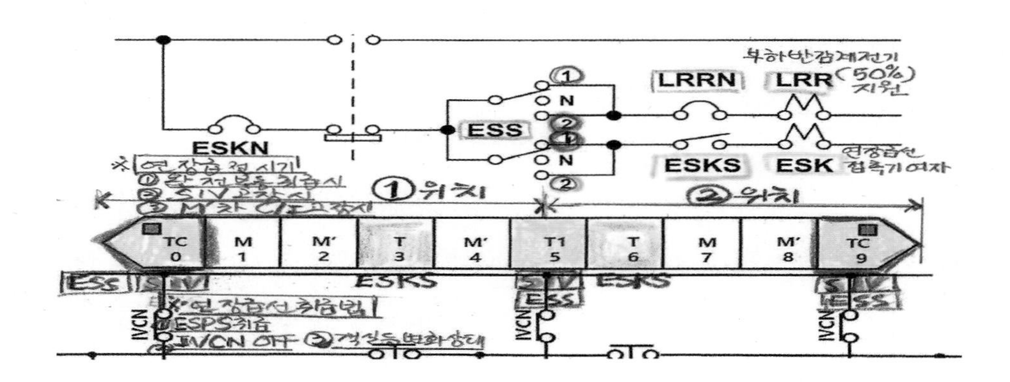

2. 연장급선 취급 후의 현상

1) SIVFR이 여자된 차량(고장차량)의 IVCN은 ESPS 투입 시 자동 Trip된다.
   → SIVFR이 여자되지 않는 경우는 수동으로 IVCN을 차단(OFF)한다.
2) 고장 차에 AC 440V가 재공급되고 3초 후 CM 재기동한다(ESK투입).
3) 전차량의 객실등이 반감된다(LRR2 b접점).
4) 전차량의 냉방이 반감된다(LRR1 b접점).
5) 전차량 1,050W취급 시 350W 난방이 되지 않는다(LRR1 b접점).
6) 고장 Unit의 출력이 정상으로 된다.
7) 연장급전 불능 시에는 T차의 ESKS의 편성차량을 확인한다(10량인지, 8량인지).

예제 **다음 중 과천선 VVVF 전기동차교류구간 운행에 관한 설명으로 틀린 것은?**

가. SIV 중고장으로 연장급전시 해당 유니트 객실등은 반감된다.

나. 후부 TC차 DILPN 차단 시 Door등 점등불능및 동력운전 불능되나 후부차DIRS 취급하면 동력 운전은 가능하다.

다. 운행 중 C/I 고장으로 주회로차단 시 해당 유니트객실등은 DC등 8개만 점등된다.

라. AMCN 차단 시 해당 유니트SIV가 역행불능된다.

해설 전부 DILPN 트립시 운전실 출입문등(DOOR등) 소등되고,
후부 DILPN 트립시 운전실 출입문등(DOOR등) 소등되고 → 역행 불능된다.

예제 **다음 중 과천선 VVVF 전기동차의 고압회로에 관한 설명으로 맞는 것은?**

가. 직류구간 운행 시 전차선 전압인 DC880V를 정치형 인버터(SIV)에 공급하고 그 출력된 전원에 의해 구동되는 회로를 말한다.

나. 교류구간 운행 시 컨버터에서 출력된 DC1,800V를 정지형 인버터(SIV)에 공급하고 그 출력된 전원에 의해 구동되는 기기의 회로를 말한다.

다. 교류구간 운행 시 컨버터에서 출력된 DC1, 500V를 정지형 인버터(SIV)에 공급하고 그 출력된 전원에 의해 구동되는 기기의 회로를 말한다.

라. 직류구간 운행 시 전차선 전압인 DC1, 500V에 의해 구동되는 각종 회로를 말한다.

해설 과천선 VVVF 전기동차 고압회로에서 교류구간 운행 시 컨버터에서 출력된 DC 1800V를 정지형 인버터(SIV)에 공급하고 그 출력된 전원에 의해 구동되는 기기의 회로를 말한다.

예제 **다음 중 과천선VVVF 전기동차 연장급전취급 후의 현상으로 틀린 것은?**

가. 고장차에 AC440V 공급되고 5초 후 CM 재기동한다.

나. 전차량냉방이 반감된다.

다. 고장Unit 출력이 정상으로 된다.

라. 전차량객실등이 반감된다.

해설 [과천선 VVVF차량 연장급전 취급(ESK 여자) 후 현상] (IVCN OFF 시 현상)

① SIVRFR이 여자된 차량의 IVCN은 ESPS투입 시 자동 차단
② 고장차에 AC440V가 재공급되고 3초 후 CM 재기동
③ 전차량의 객실등, 냉방 반감(LRR1, LRR2 여자)
④ 전차량1,050W 취급 시350W 난방 사용 불가
⑤ 고장 Unit 출력 정상화
⑥ 연장급전불능 시 T차의 ESKS의 편성차량 확인
⑦ 해당차SIV 정지

예제 **다음 중 과천선 VVVF 차량의 CM장치에 관한 설명으로 틀린 것은?**

가. CM구동, 정지는 대개 CM EOCR(비상과전류계전기)의 동작이 원인이다.

나. EOCR이 여자하면 PCR(Phase Check Relay)이 소자되어 CM인버터 구동신호를 차단한다.

다. 검수작업시 운전실에 있는 RS버튼을 눌러 EOCR을 복귀할 수 있다.

라. CM 정지 시 전체PAN을 하강한 후 제동핸들을 취거하여 103선을 일시 차단하여 복귀한다.

해설 검수작업 시는 CMSB상자 내에 있는 RS 버튼을 눌러주면 EOCR이 복귀된다.
BCMLK(공기압축기 바이패스 평활접촉기)가 투입 후 CML을 거쳐 전원공급되고 5초 지연 후 BCMLK가 여자된다.

예제 **다음 중 과천선 VVVF 전기동차CM장치의 구동에 관한 설명으로 틀린것은?**

가. CML(Reactor)을 통한 구동방법은 모터의 순간 기동전류를 완화하여 모토의 수명을 연장시키기 위함이다.

나. CMG에 의해 구동과 정지의 제어가 이루어진다.

다. BCMLK가 투입되면 CML을 거쳐 전원이 공급되고 5초 후에 BMCK가 투입되어 CML을 차단하고 바로 연결될 수 있도록 제어한다.

라. CM인버터 고장 시 바이패스 2단 운전을 한다.

해설 BCMLK(공기압축기 바이패스 평활 접촉기)가 투입후CML을 거쳐 전원공급 되고, 5초 지연 후 BCMLK가 여자된다.

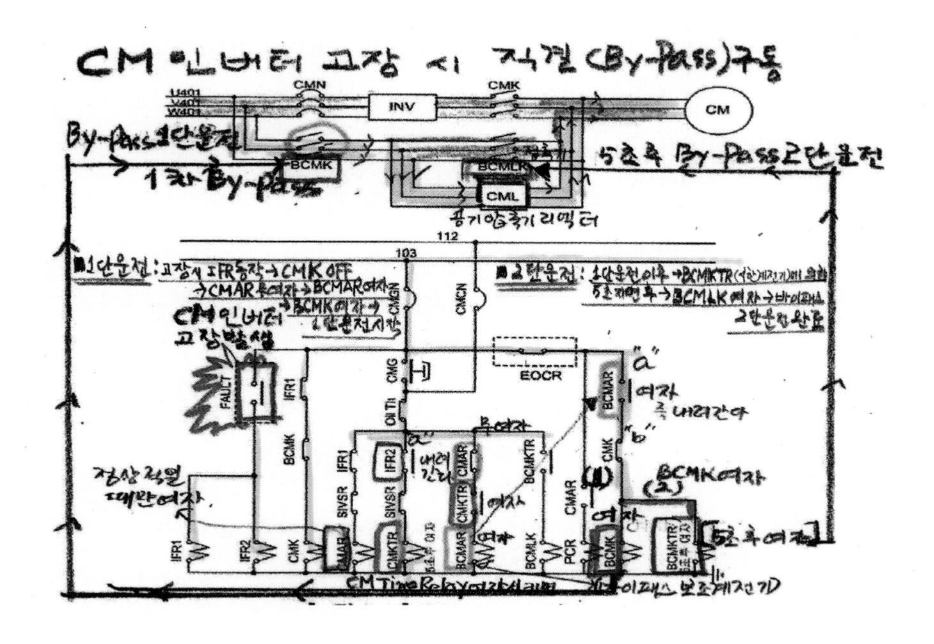

예제 **다음 중 과천선 VVVF 차량의 CM에 관한 설명으로 틀린 것은?**

가. AC440V의 전원을 사용하는 교류전동기를 채용했다.

나. 전동공기압축기는 동시에 구동하고 동시에 차단하는 동기구동회로를 가지고 있다.

다. 인버터회로에 고장 등의 원인으로 CM의 인버터가 동작하지 않을 때 상용전원으로 CM을 구동할 수 있도록 바이패스회로가 구성되어 있다.

라. 바이패스회로로 전환하는 방식은 인버터 운전정지시 수동으로 전환하는 방식이다.

해설 바이패스 회로로 전환하는 방식은 "인버터 운전정지(고장) 등으로 상용전원으로 "자동적"으로 전환되는 방식이다.

예제 **다음 중 과천선 VVVF 전기동차의 고압회로에 관한 설명으로 맞는 것은?**

가. 직류구간 운행 시 전차선 전압인 DC880V를 정지형 인버터(SIV)에 공급하고 그 출력된 전원에 의해 구동되는 회로를 말한다.

나. 교류구간 운행 시 콘버터에서 출력된 DV1,800V를 정지형 인버터(SIV)에 공급하고, 그 출력된 전원에 의해 구동되는 기기의 회로를 말한다.

다. 교류구간 운행 시 컨버터에서 출력된 DC1,500V를 정지형 인버터(SIV)에 공급하고 그 출력된 전원에 의해 구동되는 기기의 회로를 말한다.

라. 직류구간 운행 시 전차선 전압인 DC1,500V에 의해 구동되는 각종 회로를 말한다.

해설
- 과천선VVVF 전기동차고압회로에서 교류구간운행시 컨버터에서 DC1,800V가 출력되어 정지형 인버터에 공급하여 출력된 전원에 의해 구동되는 기기회로를 말한다.
- 직류구간에 경우 DC1,500V를 받아 정지형 인버터에 공급하여 출력된 전원에 의해 구동된다.

예제 **다음 중 과천선 VVVF 전기동차 고압보조회로에 전원이 공급되면 동작되는 주요기기가 아닌 것은?**

가. 주휴즈(MFS) 나. 전차선전압계(HV)

다. 주변압기냉각송풍전동기(CIBM) 라. 전동공기압축기(CM)

해설
- 주휴는(MFS)는 고압보조회로에서 전원을 공급받지 않는다.
- AC 출력회로단락, AC 과전압 검출, AC 저전압검출, 컨덴서 전압 불평형 검출, 쵸퍼과전압 · 과전류 검출, 인버터 과전압 · 과전류검출, 제어전압 고장, HB 과전류 차단, 입력 저전압

예제 **다음 중 과천선 VVVF 차량의 SIV 보호항목이 아닌 것은?**

가. 콘덴서 전압 불평형 검출 나. HB 과전류 차단

다. 쵸퍼과전류 검지 **라. DC 출력회로 단락**

해설 [과천선 SIV 보호항목]

AC 출력회로단락, AC 과전압 검출, AC 저전압 검출, 컨덴서 전압 불평형 검출, 쵸퍼과전압 · 과전류 검출, 인버터 과전압 · 과전류 검출, 제어전압 고장, HB 과전류 차단, 입력 저전압

예제 **다음 중 과천선 전기동차 고압보조회로에 관한 설명으로 맞는 것은?**

가. 전류평형용저항기는 교교절연구간 통과 시 교류전원을 공급 시 밸런스를 맞추기 위한 저항기이다.

나. 전차선 전압계는 정지형 인버터 출력측 전류를 표시한다.

다. 전류계는 M차 인버터 출력측 전류를 표시한다.

라. 주변환기냉각용 송풍전동기(CIBM)은 GTO차량에만 설치 되어 있다.

해설 가. SIV가 교교절연구간 진입 시 SIV입력에 가선 중단 없이 전원을 공급하기 위해 절연구간에 진입하지 않은 유니트로부터 직류전원공급 시 밸런스 맞추기 위한 저항기

나. 주회로에 입력되는 가선전압을 현시한다.

다. 주전동기의 전류를 현시한다.

예제 **다음 중 과천선 VVVF 전기동차 CM By-Pass 회로와 관련 없는 접촉기는?**

가. BCMLK　　　　나. CML

다. BCMK　　　　**라. FLBMK**

해설 - CM BY-PASS의 회로 관련된 접촉기는 "IFR(Inverter Fault Relay: 인버터고장계전기), CMK, CMAR, BCMKTR, BCMLK(Compressor By-Pass Reactor:CM바이패스평활접촉기), CML, BCMK"가 있다.

- MCBTR은 "PAN상승, 뛈틀 현상 등에서 0.5초 간 MCB 차단되는 것을 방지하는 계전기

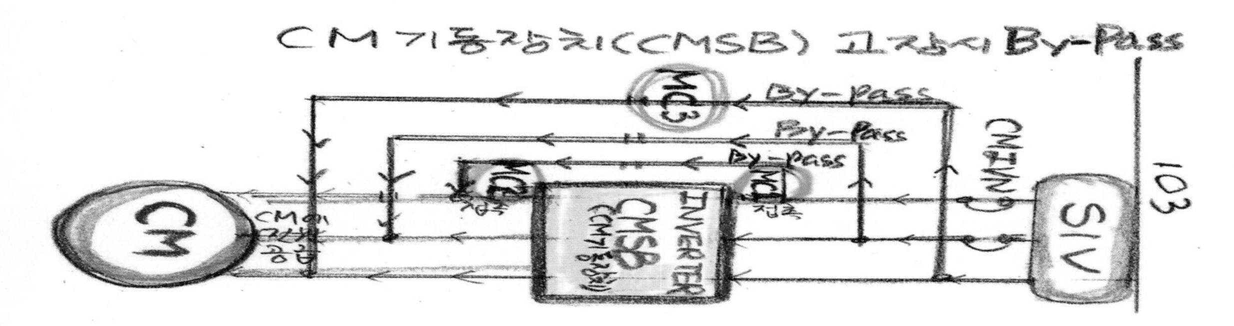

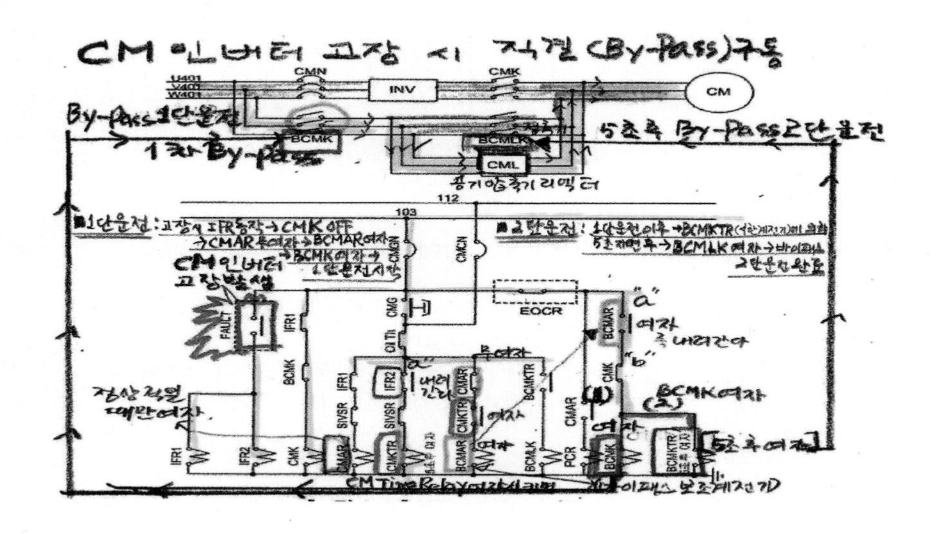

예제 다음 중 과천선 VVVF 차량에 관한 설명으로 틀린 것은?

가. MCBTR은 순간전인(0.5초 이내) 과전류 유입 시 SIV가 정지되는 것을 방지하기 위해 설치하였다.

나. EqRe는 교교절연구간을 지날 때 SIV가 정지되는 것을 방지하기 위해 설치하였다.

다. ACVRTR은 교교절연구간을 지날 때 1초 동안 MCB가 차단되는 것을 방지하기 위해 설치하였다.

라. SIV는 MG보다 소형 및 경량화가 되었으며 저소음 및 경제성이 좋아졌다.

해설 – MCBTR은 "PAN상승, 뜀틀 현상 등에서 0.5초 간 MCB 차단되는 것을 방지"하기 위해 설치

예제 다음 중 과천선 VVVF 전기동차에 관한 설명으로 맞는 것은?

가. SIV 정지 시 해당 M차 및 M'차 C/I가 정지된다.

나. DCArr 동작 시 MCB는 양소등된다.

다. 직류구간에서 FLBMN 차단 시 SIV 정지, 60초 후 해당 MCB 차단된다.

라. 교류구간에서 M차 주변환기 고장으로 복귀 불능 시 연장급전을 해야 한다.

해설 나. DCArr동작 시 "MCB OFF등 점등"된다.

다. 직류구간FLBMN 차단 시 "M차 BMFR 여자 조건"이므로 TCU에 BMF 신호 입력으로 "20초 뒤 C/I정지" 한다.

라. 교류구간M차 MT 고장으로 "MCB가 차단된다"

예제 **다음 중 과천선 VVVF 전기동차의 전동공기압축기에 관한 설명으로 틀린 것은?**

가. 기동장치는 VVVF 인버터 시스템을 사용한다.

나. 압축기 구동방식은 피스톤방식이다.

다. AC440V 전원을 사용한다.

라. 인버터회로 고장발생시 인버터를 거치지 않고 구동되도록 바이패스회로가 구성되어 있다.

해설 과천선 VVVF 전기동차의 전동공기압축기는 AC 440V의 교류전동기이고 SCREW식의 구동방식이다.

예제 **다음 중 과천선 VVVF 전기동차에 관한 설명으로 틀린 것은?**

가. MTAR 여자 시 VCOS 취급하면 Fault등 소등되고 UCO등이 점등된다.

나. MCB 투입 후 TEST 스위치 취급시 SqLP가 점등된다.

다. 교직절연구간 통과 전 ADS 절환시 SIV등이 소등된다.

라. ACV등과 DCV등은 함께 점등될 수 있다.

해설 - "MCB 투입 전" TEST 스위치 취급 시SqLP(시험램프)가 점등된다.
- 일단정지 후 자동으로 RESET되고 3초 후 자동 재기동한다.

예제 **다음 중 과천선 VVVF 전기동차SIV 경고장시조치로 틀린 것은?**

가. 이상신호 발생시 IVHB는 차단되고 SIV는 운전 정지한다.

나. SIV 운전 중 각 보호회로는 이상상태를 감지한다.

다. 일단정지 후 자동으로 RESET 되고 10초 후 자동 재기동한다.

라. 재기동후 60초간 이상상태인지, 정상상태인지를 감시한다.

해설 - 일단 정지 후 자동으로 RESET되고 3초 후 자동 재기동한다.

예제 **다음 중 과천선 VVVF차량의 SIV 출력전원으로 맞는 것은?**

가. AC440V 3상

나. AC380V 3상

다. AC440V 단상

라. AC380V 단상

해설 과천선 VVVF 전기동차SIV 출력전원은 "AC440V 3상이다".

예제 **다음 중 과천선 VVVF 차량 연장급전에 관한 설명으로 틀린 것은?**

가. IVCN이 차단되면 해당차SIV 정지, 연장급전, 객실등이 반감된다.

나. 연장급전을 하면 객실등, 난방 및 전부표시등 및 후부표시등이 반감된다.

다. SIV 중고장시 운전실에서 ESPS를 취급한다.

라. SIV 경고장 시 해당차에 가서 IVCN을 OFF 한다.

해설 - 전부표시등, 후부표시등은 반감되지 않고 정상상태이다.

예제 **다음 중 과천선 VVVF차량 연장급전 후 현상으로 틀린 것은?**

가. 연장급전후의 객실에는 DC100V 형광등의 반감이 이루어진다.

나. 전체 냉방이 반감된다.

다. SIVFR 여자 시는 ESPS 취급하면 고장차량IVCN이 차단되어 연장급전이 이루어진다.

라. 고장 유니트의 견인전동기출력이 정상으로 된다.

해설 [연장급전 후]

- LPK2접촉기 무여자로 객실등(220V 형광등)이 반감된다.
- 단전 시 예비등의 역할을 위해 DC100V 형광등이 설치되어 있다.

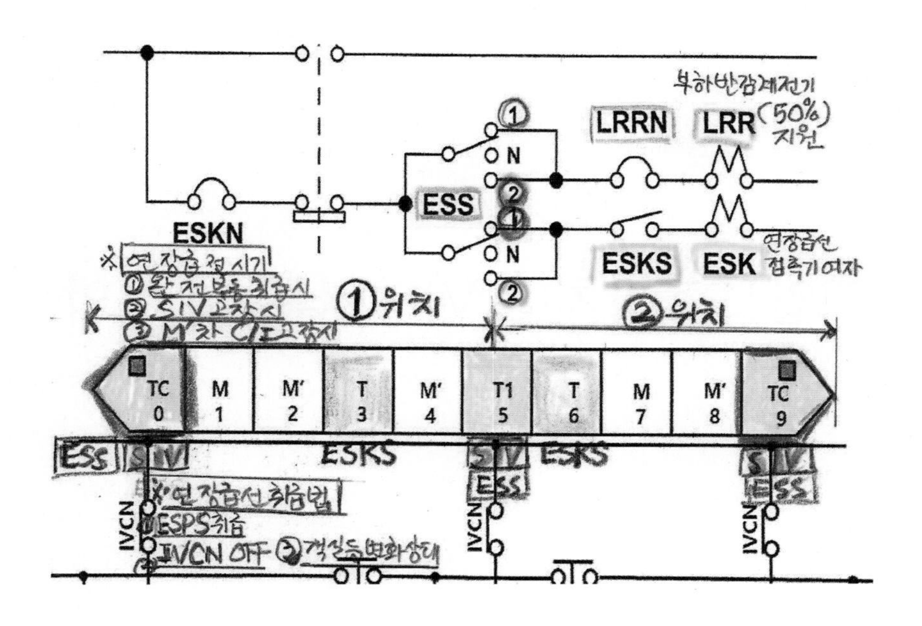

예제 **다음 중 과천선 VVVF차량의 CM에 관한 설명으로 틀린 것은?**

가. 직력구동방식은 CM 정지 후 5초 후에 CM이 재구동된다.

나. 직렬구동방식은 CM INV 고장 시 CM INV를 거치지 않고 SIV 출력전원을 직접 공급하는 방식이다.

다. 직렬운전시 인버터운전과 동일하게 구동과 정지의 제어가 이루어진다.

라. 기관사는 전체 PAN을 하강 후 RS버튼을 취거하거나 103선을 일시 차단하여 CM 정지 시 복귀시킨다.

해설 [CM 정지시복귀방법]

기관사의 경우 전체 PAN을 하강한 후 "제동제어기를 취거하여 103선 일시 차단.

예제 **다음 중 CM EOCR(Emergency Over Current Relay) 동작하여 CM 정지 시 기관사가 하여야 하는 조치는?**

가. 전체pan 하강, 제동제어기 취거 10초 후 재기동

나. 완전부동취급

다. MCBOS - RS - MCBCS

라. CMSB상자 내의 RS버튼 취급

해설 – CM EOCR이 동작하여 CM 정지 시 조치는 "PAN 하강, 제동제어기 취거 10초 후 재기동"하여야 한다.

고압보조장치(SIV) 핵심주제 요약

제1절 4호선 SIV

1. SIV구성

1) 4호선

4 호선SIV(자연냉각): MT3차 1770v(교직류), GTO2중쵸퍼+PTR12상인버터, DC900v~1800v, 380v, [입력부]+[쵸퍼부]+[인버터부]+[출력부]

2) 과천선

과천선SIV(자연냉각): MT2차 840v(교류), L1(직류), 12펄스전압인버터, DC900~1900v, 440v, [변압기]+[저항기]+[인버터]+[IVHB]+[EqRe]+[IVF/IVS]

2. 고압회로 및 SIV기기

1) SIV특징

① 소형경량화: PTR, GTO, IGBT

② 고성능화: 출력전압안정화, 형광등가물거림방지, 응답률향상, 고속화, 출력전압일정

③ 고신뢰화: 필터 콘덴서에서 3분압하여 각 인버터에 3상교류로 변환, 변압기에서 합성

④ 고기능화: 고장data기억, 모니터로 고장 및 출력표시

⑤ 저소음, 고효율

⑥ 무보수화, 경제성 제고

2) SIV전원공급

(1) 4호선

◑ (교류)MT3차 → 정류기 → SIV (직류)MCB → SIV

(2) 과천선

◑ (교류)MT2차 → 컨버터 → SIV (직류)MCB → L1 → SIV

3) 4호선 특고압에서 SIV까지 전원 흐름

◑ 교류: MCB → ADCg → MFS → MT3차 → AF → ARf → ADCm → IVF → IVK → SIV

◑ 직류: MCB → ADCg → ADCm → IVF → IVK → SIV

3. SIV중요 구성기기

AF: 입력보호용 휴즈

ARF: 교류구간 운행시 AC1770v를 DC1500v로 변환

IVF: SIV입력과전류 보호용 휴즈

IVS: SIV개방스위치로 동시에 방전회로 구성한다.

IVK: SIV접촉기로 SIV기동, 정지시 ON/OFF된다.

HK: SIV정지시 FC방전하여 안전도모

FL: 가선고조파 전류유출 억제, 쵸퍼입력 전압/전류평활

RC: 돌입전류 방지용 초기 충전저항

BTH: FC충전 후 점호

SL: 인버터부 입력전압/전류 평활

TR1, TR2: AC380v

TR3: AC380v → AC76v

RF: DC100v로 103선 가압 및 축전지 충전

2중 Chopper부: CH1(GT1), CH2(GT2)

4. SIV보호회로

1) 경고장

- 경고장: 쵸파과전류, 인버터과전류, 출력과전류, 쵸퍼과전압, 인버터과전압, 출력과전압, 콘덴서분압이상, 출력저전압, 제어전원이상

◑ 경고장 → IVK / HK소자 → 3초후재기동 / Reset → 60초감시내재고장 → 중고장 → ASF 점등

2) 중고장

- 중고장: 경고장발생 후 60초 내 재고장, AF/IVF용손, 온도과온, 입력전원이상, 충전고장

◑ 중고장: SIVMFR여자 ⇒ ASF / 차측등점등. TGIS현시

3) 중고장 조치 방법

① Reset취급

② 재차고장시 ESPS취급

③ ESPS로 연장급전불능시 SIVCNoff로 연장급전

5. CM(전동공기압축기)

1) CM특징

- CMSB(인버터 내장), 8~10kg/cm^2(11kg/cm^{2}안전변), 높은 쪽 CMG(CMCN)에 의해 CM동시 on/off, 복식제습기(2분 교호동작)

2) CM구동

① SIV기동 → 3초 후 MC1.MC2투입 정상기동

② 연장급전 → 4초 후 MC1.MC2재투입

③ CMSB고장 → 5초 후 MC3투입으로 직접구동(By–Pass운전): 가변주파수에 의한 회전수 증가가 되지 않고 Soft제어불가능(처음부터 고속회전)

3) CM보호장치

① CMN, CMCN, CMKN, CMIVN 차단기

② CMLVR(AC280v소자~AC320v여자)

③ 인버터 AC800v이상

④ 15ms 이상 정전시

⑤ 과온(THS110℃)시

⑥ 압축기 내 압력상승 PS2.7kg/cm² 이상시

4) CM고장조치

(1) 1대 고장 시

1대 고장 시 교환역까지 주의운전

(2) 2대고장 시

MR확인하면서 회송/교환역까지 주의운전

6. 냉난방

1) 온도에 따른 냉방수준

- 25℃이하 냉방정지
- 26℃이상 60초 반냉(CP1.CF1)
- 27.1℃이상 65초 전냉(CP2.CF2)

2) 객실냉난방

(1) 객실냉방

- 객실냉방: 후부취급(CHIR－CHCgS),
- 연장급전 시 부하반감(LRR1여자/UCR3소자): 3－3－4량(Tc－T2－Tc)

(2) 객실

- 객실송풍: 난방 미취급시 후부취급(RLFFCN)
- 객실환풍: 냉난방에 관계없이 후부취급(VFCN)
- 객실난방: 350w 700w 1050w(운전실)750w×2

7. 연장급전

4호선 Tc−M−M−T1−M−T2−T1−M−M−Tc

0 1 2 3 4 5 6 7 8 9

과천선 Tc−M−M′−T−M′−T1−T−M−M′−Tc

0 2 3 8 5 4 9 6 7 1

1) 연장급전 시 등 점등

① SIV2대 고장 연장급전 시 비상등 4개만 점등(후부LCOR여자 → LCAK소자)

② SIV3대 고장 후 120초 경과 시 SCN차단으로 비상등 4개만 점등

③ 후부ESSN차단시 LCAK소자 냉난방off, 객실등소등, 비상등 4개만 점등

2) SIVMFR / MCBOR2여자되는 고장 시

[SIVMFR / MCBOR2여자되는 고장 시]

◑ SIVMFR / MCBOR2여자되는 고장: ESPS취급 → SIVCN트립 → 380v공급 → 4초 후 CM 구동 / 냉난방반감(LRR1) / 객실등반감(LRR2)

3) SIVMFR여자 안 되는 고장 시

◑ SIVMFR여자 안 되는 고장 시: 수동SIVCNoff

4) 연장급전 불능 시

◑ 연장급전 불능시: T1.T2차량 ESKN확인복귀, Tc.T2차량 ESSN확인복귀

5) AC100v연장급전

◑ AC100v연장급전: 고장차TrN−off, 전후부TrESN−on ⇒ 2위전부표지등, 1위운전실등, 행선찰등, 시간표등, AC콘센트

제2절 과천선 SIV

1. SIV 기기의 특징

1) 구동기기

CM, CIBM, MTBM, MTOM, FLBM구동

2) SIV정지 방지

ACVRTR(교교사구간 1.0초), MCBTR(Pan 0.5초), EqRe(교교절연구간)

3) 변압기함

FC회로+리액터회로, 부하측440v연결회로, DC100v정류회로

4) EqRe

교교절연구간 진입시 진입하지 않은 SIV와 균형유지 위해 설치하여 SIV정지 방지

2. SIV 공급전원

1) 교류

◑ MCB → ADCg → MF → MT → 컨버터 → L3 → ADd2 → BF → SIV

2) 직류

◑ MCB → ADCg → L1 → ADd1 → BF → SIV

3) SIV보호회로

(1) 경고장

◑ 경고장 → IVHB소자 → 3초 후 재기동 / RS → 60초감시 → 원인제거 → MCBOS → RS → 3초 후 MCBCS → 복귀불능시 IVCNoff SIV정지 / 통신이상현시, Fault미점등

(2) 중고장

◑ 경고장발생 후 60초 내 재고장 ⇒ SIVFR여자 → ESPS → IVCN트립 SIV정지현시, Fault점등

(3) 보호항목

- 보호항목: AC단락/과전압/과전류, 쵸퍼과전압/과전류, 인버터과전압/과전류, 콘덴서전압 불평형, 입력저전압, 제어전원고장, HB과전류

4) CM

(1) CM구동

◑ SIV → VMN → CON/INV → CMK → CM

◑ INV(인버터), CMG8~9kg/cm², 연장급전시 3초 후 고장Unit CM구동

◑ INV고장 → IFR동작 → CMKoff → BCMK. CML리액터로 기동(1단바이패스) → 5초 후 → BCMLK투입(2단 바이패스)

(2) ECOR동작

◑ EOCR동작 → PCR소자 → CM정지 → ① Pan하강 핸들취거 ② CMCB 내 RS취급 → EOCR복귀

(3) CM 고장 시

CMGNoff: CMG용착

CMCNoff: 압축기 없는 차 MR관 파손시 압축기 적은쪽 CMCNoff

CMGN / CMCNoff: 압축기 있는 차량 MR관 파손

※ CML(Reactor)은 CM모터 구동시 순간기동전류를 완화하여 모터 수명 연장

5) 송풍기

◑ MTBM(M′), MTOM(M′), FLBM(M′M−DC구간), CIBM(M′M−GTO차량)
MTBM차단. MTOM차단 MTBMK소자. MTOMK소자 → MTAR여자 → MCB차단

◑ MTOFTR(주변압기유흐름불량)여자 → MTOFTD(60초) → MTAR여자 → MCB차단
FLBMN. CIBMN. MTBMN차단 → BMFR여자 → 20초 후C/I정지

6) 냉난방

(1) 사용전원

AC440v, AC100v, DC100v

(2) 스위치 위치

350w(RHeK2). 700w(RHeK1)

① Fan위치(MC3－EF동작)

② Half위치(MC1.3－반냉)

③ Full위치(MC1.2.3－전냉)

3. 연장급전

1) ESKS, ESS

ESKS(6/10위치－8위치), ESS(1－N－2)

2) 연장급전 방법

① 자동연장급전스위치(AMCS) 설치차량은 자동선택 시 SIVFR여자 시 자동연장급전

② 자동연장급전 안 될 시 SIVFR여자하면 ESPS취급으로 IVCN 자동트립하고

③ SIVFR여자 않으면 수동으로 IVCNoff

3) IVCNoff시 현상

냉난방(LRR1)반감, 객실등(LRR2)반감, ESK여자로 연장급전, 해당차 SIV정지 1UNIT연장급전 해도 3UNIT부하반감(4호선은 고장/급전 2UNIT만 부하반감)

SIV 및 CM 관련 고장 시 조치방법

제1절 SIV 관련

1. SIV고장 원인

① SIV자체 중고장으로 SIVFR(SIV Fault Relay: 인버터고장계전기) 동작 시

② TC, T1차의 IVCN(NFB for "Inverter Control" 인버터제어회로차단기) 또는M′ 차 AMCN 트립시

③ MT고장, C/I고장으로 SIV에 전원공급이 안 될 때

2. SIV고장시 현상 및 조치사항

(1) 현상(AC구간)

① SIV정지 → 송풍기 고장 → 20초 후 C/I정지 → 60초 후 MCB차단

② 모니터에 "SIV고장", "송풍기 정지", "주변압기 냉각기 정지" 현시

③ SIVFR 동작 시 FAULT등, 차측백색등 점등(TC, T1, M′차)

(2) 조치사항

① 고장차 확인 후 MCBOS → RS → 3초 후 → MCBCS취급

② Pan하강, BC취거, 10초 후 재기동

③ 연장급전 후 MCBOS → RS → 3초 후 → MCBCS취급

④ TC차, T1차, IVCN, M'차 AMCN 확인

3. 보조적용계전기(AMAR: Aux. Machine Applicable Relay)의 역할은?

① AMAR은 MCB가 투입되면 AMAR을 여자시켜 SIV 기동지령을 하고

② ACM 기동을 차단하기 위한 계전기이다.

4. 연장급전 방법은?

① IVCN OFF("SIV통신이상" 현시됨)

② SIVFR동작시는 운전실의 ESPS(Extension Supply Push－Button Switch: 연장급전 누름 스위치) 취급

③ ESS(Selector Switch for "ESK(Extension Supply Contactor: 연장급선접촉기)" 1 또는 2 위치이동

5. 연장급전이 안 되는 경우는?

① ACOCR 동작되었을 때 IVCN OFF하면 과전류가 있는 상태에서 연장급전이 안 된다.

② SIV정지시 IVCN을 OFF한 후 급전이 정지될 때

③ CM접지 시

④ CM다이오드 소손 시

6. IVCN(NFB for "Inverter Control" 인버터제어회로차단기) OFF하는 이유는?

① 연장급전을 하기 위함이다.

② SIV 재기동을 막기 위해서 ICV을 OFF시킨다.

7. 연장급전 시 POWER등이 점등되나?

① SIV 자체고장으로 연장급전시는 점등되고

② C/I, MT고장으로 연장급전시는 점등 불능이 된다.

8. SIV 입출력전압은?

(1) AC구간

DC1800V －SIV－AC 3상 440V, DC100V

(2) DC구간

DC1500V －SIV－AC 3상 440V, DC100V

9. SIV 전원사용처는?

(1) AC전원

CM, 냉난방, 객실등, CIBM(C/I Blower Motor: 주변환장치 송풍기), FLBM(Filter Reactor Blower Motor: 리엑터송풍기용 전동기), MTBM(MT Blower Motor: 주변압기 전동송풍기), MTOM(MT Oil Pump Motor: 주변압기 오일펌프모터)

(2) DC전원

축전지 전원(충전), 각종 저압회로 전원

10. 전류평형용저랑기(EqRe)란 무엇인가?

① 교교절연구간 진입시 SIV입력에 가선중단 없이 전원을 공급하기 위해

② 절연구간에 진입하지 않은 유니트로부터 직류전원을 공급받을 때 밸런스(균형)를 맞추기 위해 설치한 저항기이다.

제2절 CM 관련

1. 주공기 압력 상승 불능 시 조치

① 공기누설 여부 확인

② 모니터로 공기압축기 구동여부 확인

③ CMCN(NFB for CM Control: 공기압축기 전동기 회로차단기), CMGN(NFB for Governor Relay: 공기압축기 조압기 회로차단기) 차단확인

④ Pan하강, 제동제어기 핸들 취거 후 10초 후 재기동할 것

⑤ 복귀불능 시 구원요구

2. TC차 이외 차량 내 공기누설 시 조치

① 해당차량 전후 MR코크 차단 4개

② 해당차량 승객분산, 출입문 쇄정 후 필요시 DIRS취급

③ CM 1개 있는 곳 CMCN OFF 취급

④ 관제사 지시 받을 것

(M차일 경우 교류구간은 C/I정상, 직류구간 L1, L2,L3 투입불능으로 역행 및 회생불능)

(M'차일 경우 Pan상승 불능이므로 반드시 완전부동 취급 후 연장급전할 것)

3. 주공기압력 9kg/m^2 이상 상승 시 조치

① 모니터로 공기압축기 구동상태 확인

② 순차적으로 CMGN을 차단, 공기압축기 멈추면 해당차 CMGN OFF하고 전도, 정상운전

③ 공기압축기 자체 고장으로 계속 구동될 경우 해당차 배전반의 CMCN, CMGN OFF

4. 차 간 MR누설 시 조치는?(MR압력 저하)

① 누설 전후 MR코크차단

② CM이 적은 쪽 CMCN을 OFF한다.

5. 제습기 누설 조치는?(MR압력 저하)

① 해당차 CMCN, CMGN을 OFF한다.

② CM2개로 전도운전한다.

6. CR공기 누설 시 조치는?(MR압력 저하)

① 해당차 BOU(Brake Operating Unit)함 내 CR(Current Relay: 전류계전기) 코크차단

② 회송한다.

7. BOU(Brake Operating Unit)함 내 누설 시 조치는?(MR압력저하)

① SR(Speed Recorder: 속도기록계) 코크 차단 후 전도운전한다.

② 계속 누설 시 SR코크 복귀 후 BOU 함 내 CR코크 차단 후

③ 회송한다.

8. MRPS의 역할은 무엇인가?

① MRPS(Main Reservoir Pressure Switch: 주공기통 압력스위치)이다.

② 7.0 → ON되고, 6.0 → OFF 된다.

③ 주공기 압력저하 시 비상제동 체결되고 역행불능상태가 된다.

9. PBPS의 기능은 무엇인가?

PBPS(Parking Brake Pressure Switch: 주차제동 압력스위치)이다.

10. MR의 주공기 압력 저하 시 현상 및 조치는?

(1) 현상

① 비상제동 체결되고, 역행불능된다.

② 계속 주공기 압력 저하시는 MCB가 차단되고, Pan이 하강된다.

(2) 조치

① 주공기(MR)압력, CM구동 상태 확인하고

② 비상제동 해방 불능 시는 EBCOS(Emergency Brake Cut−Out Switch: 비상제동차단스위치)취급한다.

11. TC차 2지변 이후 MR누설 시 조치는?

− 2지변 이후: TC차 운전대 옆 한쪽에 1지변, 2지변이 있다.

− VVVF차의 CM은 TC차에 2지변 이후에 있다.

① 전부 운전차와 다음차 사이에 MR코크 양쪽(2개) 차단

② 주차제동 와해고리를 취급하여 주차제동 강제완화를 위하여 운전실 배전반 CMCN CMGN OFF

③ 왜? 전부 차 주차제동 완해방법으로 완해조치하고 후부에서 EBCOS, ATCCOS 취급한 후 추진운전하기 위함이다.

참고문헌

[국내문헌]

곽정호, 도시철도운영론, 골든벨, 2014.
김경유 · 이항구, 스마트 전기동력 이동수단 개발 및 상용화 전략, 산업연구원, 2015.
김기화, 김현연, 정이섭, 유원연, 철도시스템의 이해, 태영문화사, 2007.
박정수, 도시철도시스템 공학, 북스홀릭, 2019.
박정수, 열차운전취급규정, 북스홀릭, 2019.
박정수, 철도관련법의 해설과 이해, 북스홀릭, 2019.
박정수, 철도차량운전면허 자격시험대비 최종수험서, 북스홀릭, 2019.
박정수, 최신철도교통공학, 2017.
박정수 · 선우영호, 운전이론일반, 철단기, 2017.
박찬배, 철도차량용 견인전동기의 기술 개발 현황. 한국자기학회 학술연구발 표회 논문개요집, 28(1), 14-16. [2], 2018.
박찬배 · 정광우. (2016). 철도차량 추진용 전기기기 기술동향. 전력전자학회지, 21(4), 27-34.
백남욱 · 장경수, 철도공학 용어해설서, 아카데미서적, 2003.
백남욱 · 장경수, 철도차량 핸드북, 1999.
서사범, 철도공학, BG북갤러리 ,2006.
서사범, 철도공학의 이해, 얼과알, 2000.
서울교통공사, 도시철도시스템 일반, 2019.
서울교통공사, 비상시 조치, 2019.
서울교통공사, 전동차구조 및 기능, 2019.
손영진 외 3명, 신편철도차량공학, 2011.
원제무, 대중교통경제론, 보성각, 2003.
원제무, 도시교통론, 박영사, 2009.
원제무 · 박정수 · 서은영, 철도교통계획론, 한국학술정보, 2012.
원제무 · 박정수 · 서은영, 철도교통시스템론, 2010.
이종득, 철도공학개론, 노해, 2007.
이현우 외, 철도운전제어 개발동향 분석 (철도차량 동력장치의 제어방식을 중심으로), 2018.

장승민 · 박준형 · 양진송 · 류경수 · 박정수. (2018). 철도신호시스템의 역사 및 동향분석. 2018.
한국철도학회 학술발표대회논문집, , 46-5276호, 국토연구원, 2008.
한국철도학회, 알기 쉬운 철도용어 해설집, 2008.
한국철도학회, 알기쉬운 철도용어 해설집, 2008.
KORAIL, 운전이론 일반, 2017.
KORAIL, 전동차 구조 및 기능, 2017.

[외국문헌]

Álvaro Jesús López López, Optimising the electrical infrastructure of mass transit systems to improve the use of regenerative braking, 2016.

C. J. Goodman, Overview of electric railway systems and the calculation of train performance 2006

Canadian Urban Transit Association, Canadian Transit Handbook, 1989.

CHUANG, H.J., 2005. Optimisation of inverter placement for mass rapid transit systems by immune algorithm. IEE Proceedings -- Electric Power Applications, 152(1), pp. 61-71.

COTO, M., ARBOLEYA, P. and GONZALEZ-MORAN, C., 2013. Optimization approach to unified AC/DC power flow applied to traction systems with catenary voltage constraints. International Journal of Electrical Power & Energy Systems, 53(0), pp. 434

DE RUS, G. and NOMBELA, G., 2007. Is Investment in High Speed Rail Socially Profitable? Journal of Transport Economics and Policy, 41(1), pp. 3-23

DOMÍNGUEZ, M., FERNÁNDEZ-CARDADOR, A., CUCALA, P. and BLANQUER, J., 2010. Efficient design of ATO speed profiles with on board energy storage devices. WIT Transactions on The Built Environment, 114, pp. 509-520.

EN 50163, 2004. European Standard. Railway Applications - Supply voltages of traction systems.

Hammad Alnuman, Daniel Gladwin and Martin Foster, Electrical Modelling of a DC Railway System with Multiple Trains.

ITE, Prentice Hall, 1992.

Lang, A.S. and Soberman, R.M., Urban Rail Transit; 9ts Economics and Technology, MIT press, 1964.

Levinson, H.S. and etc, Capacity in Transportation Planning, Transportation Planning Handbook

MARTÍNEZ, I., VITORIANO, B., FERNANDEZ-CARDADOR, A. and CUCALA, A.P., 2007. Statistical dwell time model for metro lines. WIT Transactions on The Built Environment, 96, pp. 1-10.

MELLITT, B., GOODMAN, C.J. and ARTHURTON, R.I.M., 1978. Simulator for studying operational and power-supply conditions in rapid-transit railways. Proceedings of the Institution of Electrical Engineers, 125(4), pp. 298-303

Morris Brenna, Federica Foiadelli, Dario Zaninelli, Electrical Railway Transportation Systems, John Wiley & Sons, 2018

ÖSTLUND, S., 2012. Electric Railway Traction. Stockholm, Sweden: Royal Institute of Technology.

PROFILLIDIS, V.A., 2006. Railway Management and Engineering. Ashgate Publishing Limited.

SCHAFER, A. and VICTOR, D.G., 2000. The future mobility of the world population. Transportation Research Part A: Policy and Practice, 34(3), pp. 171-205. · Moshe Givoni, Development and Impact of

the Modern High−Speed Train: A review, Transport Reciewsm Vol. 26, 2006.
SIEMENS, Rail Electrification, 2018.
Steve Taranovich, Electric rail traction systems need specialized power management, 2018
Vuchic, Vukan R., Urban Public Transportation Systems and Technology, Pretice−Hall Inc., 1981.
W. F. Skene, Mcgraw Electric Railway Manual, 2017

[웹사이트]

한국철도공사 http://www.korail.com
서울교통공사 http://www.seoulmetro.co.kr
한국철도기술연구원 http://www.krii.re.kr
한국개발연구원 http://www.kdi.re.kr
한국교통연구원 http://www.koti.re.kr
서울시정개발연구원 http://www.sdi.re.kr
한국철도시설공단 http://www.kr.or.kr
국토교통부: http://www.moct.go.kr/
법제처: http://www.moleg.go.kr/
서울시청: http://www.seoul.go.kr/
일본 국토교통성 도로국: http://www.mlit.go.jp/road
국토교통통계누리: http://www.stat.mltm.go.kr
통계청: http://www.kostat.go.kr
JR동일본철도 주식회사 https://www.jreast.co.jp/kr/
철도기술웹사이트 http://www.railway−technical.com/trains/

저자 약력

원제무

원제무 교수는 한양공대와 서울대 환경대학원을 거쳐 미국 MIT에서 도시공학 박사학위를 받고 KAIST 도시교통연구본부장, 서울시립대 교수와 한양대 도시대학원장을 역임한 바 있다. 그동안 대중교통론, 철도계획, 철도정책 등에 관한 연구와 강의를 해오고 있다. 요즘에는 김포대학교 석좌교수로서 도시철도시스템, 전동차구조 및 기능, 운전이론 강의도 진행 중에 있다.

서은영

서은영 교수는 한양대 경영학과, 한양대 공학대학원 도시·SOC계획 석사학위를 받은 후 한양대 도시대학원에서 '고속철도 개통 전후의 역세권 주변 용도별 지가 변화 특성에 미치는 영향 요인 분석'으로 도시공학박사를 취득하였다. 그동안 철도정책, 철도경영, 철도마케팅 강의와 연구논문을 발표해 오고 있다. 현재는 김포대학교 철도경영학과 학과장으로서 철도경영, 철도 서비스마케팅, 도시철도시스템, 운전이론 등의 과목을 강의하고 있다.

전기동차 구조 및 기능 II 주회로 · 고압보조장치

초판발행 2020년 9월 25일

지은이 원제무 · 서은영
펴낸이 안종만 · 안상준

편 집 전채린
기획/마케팅 이후근
표지디자인 조아라
제 작 우인도 · 고철민

펴낸곳 (주) 박영사
서울특별시 종로구 새문안로 3길 36, 1601
등록 1959. 3. 11. 제300-1959-1호(倫)
전 화 02)733-6771
f a x 02)736-4818
e-mail pys@pybook.co.kr
homepage www.pybook.co.kr
ISBN 979-11-303-1071-8 93550

정 가 19,000원